科学计量与知识图谱系列丛书
信息资源管理专业推荐教材

CiteSpace:
Text mining and Visualization
in Scientific Literature (Fourth Edition)

CiteSpace:
科技文本挖掘及可视化
（第四版）

李 杰　陈超美 ◎ 著

随着信息技术的飞速进步，**可视化**应用越来越普及，今后的学习越来越多地借助各种可视化手段，视觉器官将发挥前所未有的作用。

可视化方式成为主流学习方式后，人类的学习效率将大大提高，有可能带来一场认知革命。

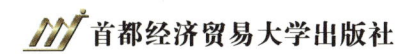

首都经济贸易大学出版社
Capital University of Economics and Business Press
· 北京 ·

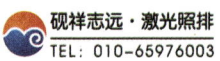

图书在版编目（CIP）数据

CiteSpace：科技文本挖掘及可视化 / 李杰，陈超美著. -- 4版. -- 北京：首都经济贸易大学出版社，2025.6. -- ISBN 978-7-5638-3861-5

Ⅰ．G301；TP31

中国国家版本馆CIP数据核字第20258FJ992号

CiteSpace：科技文本挖掘及可视化（第四版）
CiteSpace：KEJI WENBEN WAJUE JI KESHIHUA
李　杰　陈超美　著

责任编辑	薛晓红
封面设计	砚祥志远·激光照排　TEL：010-65976003
出版发行	首都经济贸易大学出版社
地　　址	北京市朝阳区红庙（邮编100026）
电　　话	（010）65976483　65065761　65071505（传真）
网　　址	https://sjmcb.cueb.edu.cn
经　　销	全国新华书店
照　　排	北京砚祥志远激光照排技术有限公司
印　　刷	唐山玺诚印务有限公司
成品尺寸	170毫米×240毫米　1/16
字　　数	211千字
印　　张	13.75
版　　次	2025年6月第4版
印　　次	2025年6月第19次印刷
书　　号	ISBN 978-7-5638-3861-5
定　　价	78.00元

图书印装若有质量问题，本社负责调换

版权所有　侵权必究

科学计量与知识图谱系列丛书

丛书顾问

蒋国华　邱均平

丛书编委会

主　编　李　杰

编　委（按姓氏拼音首字母排序）

白如江	步　一	陈凯华	陈　悦	陈云伟	陈祖刚	杜　建
付慧真	侯剑华	胡志刚	黄海瑛	黄　颖	贾　韬	李际超
李　睿	刘桂锋	刘俊婉	刘维树	刘晓娟	毛　进	欧阳昭连
庞弘燊	冉从敬	任　珩	舒　非	宋艳辉	唐　莉	魏瑞斌
吴登生	徐　硕	许海云	杨冠灿	杨国梁	杨立英	杨思洛
余德建	余厚强	余云龙	俞立平	袁军鹏	曾　利	张　琳
张　涛	张　薇	章成志	赵丹群	赵　星	赵　勇	周春雷

科学计量与知识图谱系列丛书

◎ BibExcel 科学计量与知识网络分析（第三版）
◎ CiteSpace：科技文本挖掘及可视化（第四版）
◎ Gephi 网络可视化导论
◎ MuxViz 多层网络分析与可视化（译）
◎ Python 科学计量数据可视化
◎ R 科学计量数据可视化（第二版）
◎ 引文网络分析与可视化（译）
◎ 科学计量学导论
◎ 科学学的历程
◎ 科学知识图谱导论
◎ 科学计量学手册

序一（第一版）
PREFACE

人类文明的进展之路，就是工具不断替代和补充人力之路。一开始，人们用工具代替双手双脚，将自身从繁重的体力劳动中解放出来；近年来，随着人工智能研究、大数据情报学研究、认知科学研究等方面的进展，人的脑力劳动也有望被广义的工具（包括计算机软件）部分地代替或增效。

千百年来，人类的学习以记诵方式为主，听觉器官发挥着很大的作用。随着信息技术的飞速进步，可视化应用越来越普及，今后的学习将越来越多地借助各种可视化手段，视觉器官将发挥前所未有的作用。由于视觉器官在单位时间内的信息吸收能力大大强于听觉器官，可视化方式成为主流学习方式后，人类的学习效率将大大提高，有可能带来一场认知革命。为了适应这样的进程，知识组织方式也必将走向可视化之路，图书情报研究人员在知识可视化征程中将发挥非常重要的作用。在这样的大背景下，应该承认，美国德雷塞尔大学计算机与情报学学院陈超美教授开发的广受欢迎的信息可视化软件CiteSpace，是符合时代潮流的一项重要成就。

在人类发展的任何阶段，人类的技术水平主要表现在两个方面：一是不断出现的、体现着最新技术成果的新工具，二是对已有工具的熟悉程度和掌握利用程度。这两方面都非常重要。对于中国的古人来说，能锻冶出干将、莫邪这样的宝剑，是了不起的；能像庖丁解牛那样熟练地用刀，也是了不起的。您瞧，"今臣之刀十九年矣，所解数千牛矣，而刀刃若新发于硎"，刀用了十九年了，解牛有几千头了，刀刃仍旧不钝、不卷，像新的一样，这里面有多深的功夫啊！对于今人来说，像陈超美教授这样开发出深受用户欢迎的CiteSpace软件，是了不起的成就；像首都经济贸易大学李杰博士这样把

CiteSpace钻深钻透，能够写出CiteSpace的使用教程，也是相当难能可贵的。

本书两位作者都是学术园地的勤奋耕耘者。在完成本书时，李杰还是一名在读博士生，但已经发表了数十篇论文和两本著作。据李杰对CiteSpace软件更新手记的分析，自CiteSpace于2003年问世以来，至2015年6月6日，软件累计更新次数达274次。为便于计算，我们以2003年年中作为CiteSpace问世的起点，则12年来，该软件大约每16天就更新一次！一方面，这表明了陈超美教授的勤奋；另一方面也可以看出，由于CiteSpace深受欢迎，用户对它的期望值也越来越高，从而对陈教授产生了与时俱进、精益求精的推动力。

国内不知有多少人使用过CiteSpace软件，并根据该软件的分析结果发表了论文，但可能没有几人读过陈教授的四本著作。我呼吁，热爱CiteSpace的学人都应该好好读读这四本书，从而对陈教授的学术思想有更完整的把握：

1.（2011）Turning Points: The Nature of Creativity（转折点：创造力之性质）.Springer and Higher Education Press.

2.（2004）Information Visualization: Beyond the Horizon（信息可视化：走出地平线）.（2nd Edition）.London: Springer.（Paperback: 2006）

3.（2003）Mapping Scientific Frontiers: The Quest for Knowledge Visualization.London: Springer，该书中译本《科学前沿图谱：知识可视化的探索》于2014年7月由科学出版社推出。

4.（1999）Information Visualisation and Virtual Environments（信息可视化与虚拟环境）.London: Springer-Verlag London.

笔者作为情报学领域的一名老兵，阅读、浏览过很多借助CiteSpace工具写出的论文。我一方面为该工具在中国的火爆而高兴；另一方面，也为其中相当一部分作者的懒惰而悲哀，因为他们的论文缺乏思想闪光点，只是通过CiteSpace的处理，简单地将有关数据展现得更漂亮而已。我相信，陈超美教授也不希望自己的软件只起到化妆品式的作用。今后如何杜绝这一类论文呢？首先，作者们应该知道，软件工具的设计者是有思想的，我们应该努力学习、把握他们的思想，如果自己不肯动脑筋，随便拽一个软件就用，也许论文是得以发表了，但对自己的学术进步并没有多大的助力。其次，CiteSpace具有非常丰富的功能，而我们多数利用CiteSpace发表文章者，只涉猎了该软件功能的一点皮毛。因此，认真阅读此书，更全面地掌握这个软件，一定能使我们今后的研究如虎添翼。

我从2015年2月起被调到中国科学技术发展战略研究院工作，依依不舍地离开了情报学界。但本书两位作者仍然热情地邀请我作序，我感到，却之不恭，应允下来却惴惴然。草成数言，希望没有耽误读者的时间。

是为序。

中国科学技术发展战略研究院研究员

武夷山

2015年10月1日

序二（第一版）
PREFACE

在科学探索中，无论是初出茅庐的年轻学者，还是训练有素的行家里手，最关注的莫过于在自己所从事的知识领域，从海量的文献数据中了解到最感兴趣的主题及其科学文献，找到其中最为重要、关键的有效信息，弄清其过去与现在的发展历程，识别最活跃的研究前沿和发展趋势。

这些都是科学探索面临的首要难题。进入21世纪以来，一些信息可视化技术相继应运而生，为尝试解决这些难题进行了可贵的探索，提供了有益的线索。其中，由国际著名的信息可视化专家陈超美教授用Java语言开发的、基于引文分析理论的信息可视化软件CiteSpace，就是可以解决上述一系列难题的一种工具与技术。其突出特征在于把一个知识领域浩如烟海的文献数据，以及该领域的演进历程，以一种多元、分时、动态的引文分析可视化语言，通过巧妙的空间布局，集中展现在一幅由引文网络构成的知识图谱上，并把图谱上作为知识基础的引文节点文献和共引聚类所表征的研究前沿自动标识出来，显示出图谱本身的可解读性。这两大基本特征就是我对CiteSpace知识图谱形态的概括："一图展春秋，一览无余；一图胜万言，一目了然。"

因此，该软件一经问世，就以其神奇的魅力征服了科学计量学界，受到广大学术界的青睐，迅速传播到中国和世界各地，被广泛应用于各个知识领域的可视化分析。如今，基于CiteSpace的知识图谱，如山花浪漫，技压群芳，异彩纷呈，成为知识世界百花园中盛开的一朵朵奇葩。

现在呈现在读者面前的《CiteSpace：科技文本挖掘及可视化》一书，不仅可以引领初学者步入CiteSpace之门，而且可以帮助有兴趣者进一步训练，熟练地掌握它，绘制出合格、满意的知识图谱。本书作者是年轻的学者李杰和CiteSpace的开创者陈超美。本书在依据陈超美的CiteSpace英文版手册的基础上，借鉴和吸收了陈悦、陈超美等所著《引文空间分析原理与应用：CiteSpace实用指南》（以下简称《指南》）的成果，也包含了第一作者李杰使用CiteSpace等信息可视化软件著述《安全科学知识图谱导论》的研究经验。这里不妨对中外三部CiteSpace普及性读物略加比较，以阐释这本著作出版的价值与必要性。

本书的主要内容，源自陈超美的CiteSpace英文版手册和他在科学网博客上对上千条用户疑问的解答，以及李杰在科学网上对CiteSpace进展的积极响应与一系列示范。2015年11月26日，陈超美本人将手册内容和CiteSpace101网站的资料，整理成电子书 *How to Use CiteSpace*。该电子书反映了作者开发CiteSpace的初衷，分10章全面介绍了CiteSpace的各项功能、基本流程和操作细节，以及其他可视化软件的要点；并用180多幅图谱和若干经典案例，娓娓道出了如何使用CiteSpace来绘制满意的知识图谱。手册和该书的内容，处处体现出作者着眼于用户的特点和使用需求。作者明确表示：这本电子书的内容将不断更新完善，并与CiteSpace新版软件保持同步。1个月之后的12月26日，*How To Use CiteSpace*修订版上网，新增了4.0.R5 SE版本的介绍与实例。这里有必要指出，CiteSpace版本的每次更新，李杰大都迅速响应，认真学习，并小试身手，绘制的知识图谱规范而精美，不少已收入本书。我以为英语熟练的初学者可以直接阅读陈超美的电子书，并时时关注CiteSpace及电子书的版本更新。当然，如果对照本书阅览电子书，既可加深对此书有关操作内涵的理解，又可认识电子书有关功能扩展的意义和作用。

本书参考了《指南》一书，吸收了其中有关理论基础的论述。《指南》是陈超美作为大连理工大学长江学者讲座教授，率领WISE实验室团队率先在中国应用和推广CiteSpace知识可视化技术的经验总结。该书原先拟在2009年编著出版，但在著述过程中发现CiteSpace的传播应用非常迅速，并了解到部分期刊文献出现信息可视化工具"滥用""误用"的情况。CiteSpace知识图谱良莠不齐，有些甚至不合格，严重损害了知识图谱的声誉。究其根源，主要是使用者对CiteSpace工具的认识不足，尤其对其方法论功能上的理解还有所欠缺和偏颇。因此，《指南》一书首先将开发和改进CiteSpace工具背后所坚守的宏观哲学和相关理论基础向读者坦诚地披露出来，并从CiteSpace使用流程阐明其方法论功能的实现，最后又特地专用一章，针对555篇国内运用CiteSpace工具的调查情况，归纳出39个常见问题，一一解答如何纠偏与处理。根植于软件蕴含的理论基础和运用中的问题症结来阐述其使用流程，构成了《指南》的特色。

与CiteSpace英文版手册、电子书或《指南》一书相比，本书即《CiteSpace：科技文本挖掘及可视化》突出了CiteSpace区别于其他信息可视化软件的特色与优势，以及中国用户的特殊需求。这在很大程度上得益于第一作者李杰在其专著《安全科学知识图谱导论》（以下简称为《导论》）的撰写过程中，奠定了厚实的科学计量学及知识图谱的理论基础。《导论》也得到了合作者陈超美的高度评价，两位作者遂达成了共识。陈超美在《导论》一书的序言中指出："李杰在本书中详细地展示了如何巧妙地运用一组最常用的科学图谱工具，包括加菲尔德的HistCite、印第安纳大学的SCI2、荷兰莱顿大学的VOSViewer和我的CiteSpace，以及通用网络可视化软件Pajek和Gephi，通过对中外相关文献的分析来了解安全科学的各个方面，为读者展示了灵活运用现有工具的能力。"无疑，多种工具在实际运用中的比较，显露出CiteSpace的独特功能与优势。

正是基于上述达成的共识，本书全面系统地陈述了正确使用CiteSpace软件的基本流程与操作程序，从数据来源与科技文本挖掘，到软件的界面功能与功能模块，并结合实际案例，讲解了CiteSpace的文献共被引分析与耦合分析、科研合作网络分析、共词分析与领域共现网络分析、网络叠加与双图叠加功能拓展，以及基于CiteSpace的火灾科学研究。本书具有教程的显著特点，几乎每一个重要步骤和关键环节都独具匠心地一一加注"小提示"，实现了整个使用流程的可操作性。全书共分为八讲，每一讲末尾都列出一系列"思考题"，供读者自己复习、回味和总结。值得赞叹的是，本书除了插入了大量统计图表和软件界面截图外，还有大量形态各异的CiteSpace知识图谱与之匹配，令人信服地展现出一个又一个知识领域演进的"一图展春秋"的意境，蕴含着知识图谱的可解释性与可预见性。

我相信这部著作定会在CiteSpace知识可视化技术的传播普及中发挥巨大的作用。当然，在我看来，中外三本CiteSpace普及读本各有所长，本书突出软件全流程的可操作性，《指南》强调软件蕴藏的理论性和运行的针对性，电子书体现出原创性与软件功能拓展的同步性，三者均可在传播普及CiteSpace的过程中发挥各自优势，彼此配合，相得益彰，升级再版，并行成长。这本书的"最大公约数"是共同作者陈超美，其独著的 *How to Use CiteSpace*，显然始终扮演着主导和引领的角色，以保持软件版本升级的原创性。

我曾经说过："视觉思维乃是CiteSpace系统不言而喻的主要思维方式。视觉在人类感知外部信息中起绝对主导的作用，图像又是视觉信息的第一要素。不能把视觉思维误解为传统的感性认识。视觉思维既可以是从感性视觉到抽象思维再到理性直观的螺旋式上升过程，也可以跨越感性视觉，直接把抽象信息与数据变换为可视化的空间结构与知识图谱。"[1]

我们欣喜地看到，经过大约14年时间，基于知识单元的CiteSpace可视化软件已从1.0版升级到4.0版，知识可视化技术正以独到的视觉思维方式发展而不断更新换代。人们可以期待，随着视觉思维方式向深度和广度变革，知识可视化技术必将进一步迈向新的发展阶段。

刘则渊

大连理工大学科学学与科技管理研究所
暨WISE实验室教授、博士生导师
2015年12月28日于大连新新园

---

[1] 刘则渊.《科学前沿图谱：知识可视化探索》序.北京：科学出版社，2014.

第四版前言
PREFACE

  2014年，我在德国斯图加特学习期间，系统性地对以CiteSpace为代表的科学知识图谱工具的原理、方法技术以及操作技巧进行了深入而全面的学习。随着对CiteSpace认识的进一步加深，2015年我策划并与陈超美教授一起出版了《CiteSpace：科技文本挖掘及可视化》一书。当书稿进入出版流程后，我们特别邀请刘则渊教授（1940—2020）和武夷山研究员为书稿撰写了序言。在当前的这本新书稿中，我们仍然沿用了两位学者的序言，这是因为，两位学者对以CiteSpace为代表的科学知识可视化工具的价值的认知至今看来都有特殊的意义。2016年本书出版后，迅速得到了学术界的广泛关注。2016年1月至2023年11月，该书先后再版2次，总计印了18次，合计销量23 600余册。截至2025年5月13日，该书在中国知网引文数据库和Web of Science中的总被引频次高达5 000余次。2024年，在中国知网发布的"21世纪图书情报领域高影响力图书TOP 100榜单"中，其引文影响力更是远超其他书籍，位居第一。CiteSpace得到广泛认可和应用，也促进了CiteSpace的持续研发和更新。到2024年年底，CiteSpace总更新次数达到了845次，是更新最为及时的科学知识图谱工具。从目前的发展形势看，CiteSpace已经成为学术共同体科研活动中的基本工具之一，持续在科学研究中发挥着积极作用。

  在第1~3版的《CiteSpace：科技文本挖掘及可视化》中，我们分别以3.9.R9、5.0.R3以及5.7.R1的应用为例（表1），对CiteSpace的原理、功能与应用进行了详细的讲解和演示。随着研发的不断推进，CiteSpace在功能上更加丰富，同时在界面上也为满足数据分析的需求做了较大的调整。为适应用户对新版CiteSpace应用教程的需求，在团队的共同努力下，我又策划了《CiteSpace：科技文本挖掘及可视化》的第四版。与前三个版本相比，第四版有以下三个方面的重要变化：

表1 《CiteSpace：科技文本挖掘及可视化》历次版本

编号	书稿版次	出版时间	软件版本（64 bit）	发布日期	累计更新次数
1	第1版	2016年1月	3.9.R9	2015-06-06	288
2	第2版	2017年8月	5.0.R3	2017-01-30	382
3	第3版	2022年3月	5.7.R1	2020-06-21	575
4	第4版	2025年6月	6.4.R1	2024-12-27	845

注：累计更新次数是自2003年9月25日以来CiteSpace的总更新次数。

（1）对全书章节架构做了全面的调整和精炼。首先，全书由原来的7章删减为6章，并结合全书的内容，将原第7章的内容经过完善后调整到了其他相关章节。同时，也对其他章节的内容做了大量删减。这是因为，在初期的版本中，为了尽可能呈现所有过程，书稿中添加了较多的过程截图。随着CiteSpace应用的深入和电子资源的不断丰富，过于细致的操作步骤对纸质图书而言已很显冗余。

（2）制作了全新的电子课件❶。过去数年，CiteSpace已经成为信息资源管理及相关专业课程的重要学习工具。为此，团队基于过去十余年积累的CiteSpace素材，重新制作了电子课件中，以进一步促进其在具体课程中的深入应用。从本书第四版及其电子课件中，读者会发现，虽然我们的纸质图书已较前三版大大精炼，但与本书配套的电子课件却呈现了更多数据分析的细节。

（3）全面梳理和更新了软件的常见使用问题。在前三版的书稿中，我们在每一章的章末列出了一些常见的问题。而在最新的版本中，我们删除了章末的常见问题，并将这些问题重新进行整理后列于附录。在常见问题的整理过程中，我们删除了一些早期的问题，并补充了一些新的问题。这是因为，

---

❶ 李杰. CiteSpace科技文本挖掘及可视化（第四版）配套课件、数据和扩展资料［EB/OL］.［2025-02-27］. https://zenodo.org/records/14955208.（如果下载存在问题请联系lijie_jerry@126.com）

过去一些常见的问题，现在看来已经不是问题；同时，由于CiteSpace用户整体水平的提高，一些更加深入的应用问题被提了出来。

最后，不得不感慨时间飞逝。从《CiteSpace：科技文本挖掘及可视化》一书第一版写作的准备到现在第四版的出版，前后已经十年。在这十年的时间中，CiteSpace服务了数以万计的用户，促进了科学文献可视化的发展。当前，我们迎来了科学的新范式——AI for Science，新的时代呼唤人工智能加持下的新工具的诞生，我们期待CiteSpace能够继续在新时代为学术共同体的科研活动提供力所能及的支撑。

2025年3月

目录
CONTENTS

1 软件的研发与进展 ·· 1

1.1 软件诞生 ··· 1

1.2 核心原理 ··· 3

1.3 概念模型 ··· 6

1.4 发展演化 ··· 7

1.5 应用概貌 ·· 10

1.6 应用问题 ·· 15

1.7 本书结构 ·· 16

思考题 ·· 19

2 软件安装与软件功能 ·· 21

2.1 软件下载与安装 ·· 21

2.2 启动软件案例数据 ·· 24

2.3 软件界面及功能 ·· 25

2.4 项目建立与参数设置 ······································ 70

2.5 数据分析的关键步骤 ······································ 75

2.6 数据分析结果解读 ·· 76

思考题 ·· 78

1

3 文献数据采集与处理 ······ 79

3.1 数据采集与处理概述 ······ 79
3.2 典型数据库数据采集 ······ 79
3.3 典型数据源的预处理 ······ 91
思考题 ······ 96

4 共被引网络的构建 ······ 97

4.1 共被引分析概述 ······ 97
4.2 共被引图谱的构建 ······ 98
4.3 共被引图谱的调整 ······ 103
4.4 共被引结构的变异 ······ 110
4.5 作者和期刊共被引 ······ 117
4.6 共被引分析的案例 ······ 124
思考题 ······ 126

5 科研合作网络的构建 ······ 127

5.1 科研合作分析概述 ······ 127
5.2 合作网络的构建过程 ······ 128
5.3 合作网络地理可视化 ······ 135
思考题 ······ 139

6 主题共现网络的构建 ······ 141

6.1 词频和共词概述 ······ 141
6.2 关键词共现网络 ······ 143
6.3 术语的共现网络 ······ 146
思考题 ······ 149

参考文献 ·· **151**

附录 ·· **157**

    附录 1　推荐学习文献 ·· 157

    附录 2　常见问题解答 ·· 161

    附录 3　基础学习视频 ·· 185

    附录 4　术语中英对照 ·· 186

    附录 5　案例图谱展示 ·· 188

1 软件的研发与进展
CiteSpace Development and Progress

1.1 软件诞生

CiteSpace这一科技文本挖掘及可视化分析工具由美国德雷塞尔大学计算与信息学院陈超美教授团队开发。陈超美是国际信息可视化和信息计量学领域的知名学者，为该领域的发展做出了重要贡献。除了开发CiteSpace之外，他还作为创刊主编，先后创办了国际信息可视化与信息计量领域权威期刊 *Information Visualization* 和 *Frontiers in Research Metrics and Analytics*，积极推动该领域的研究发展和人才培养（图1.1）。CiteSpace软件的开发始于2003年（Chen，2004），自2004年起对学术界免费开放使用，并在过去20余年中不断更新和升级（Chen，2006；Chen et al.，2010；Chen，2012；Chen，2017；Chen et al.，2019）。CiteSpace最初的设计目的在于通过信息可视化的技术与方法来探索科学的发展机制，因此在理论上深受库恩的科学发展模式的影响。综合库恩的思想，陈超美认为：科学研究的重点随着时间变化，有些时候速度缓慢，有些时候会比较剧烈，那么，科学的这种发展模式及其足迹就可以从已发表的文献中提取。在库恩思想的指导下，CiteSpace融入了一系列信息可视化的方法与技术，将科学的这种发展模式进行了直观的呈现，这就为科学共同体认识科学发展的模式带来了认知上的革命（Chen，2018）。正因为如此，经过20余年的发展，CiteSpace已经成为国际上最为流行和最具学术影响力的科技文献数据分析工具之一。

CiteSpace是Citation Space的简称，可译为"引文空间"。它是在大数据和信息可视化背景下逐渐发展起来的一款多元、分时、动态的文献可视化分析

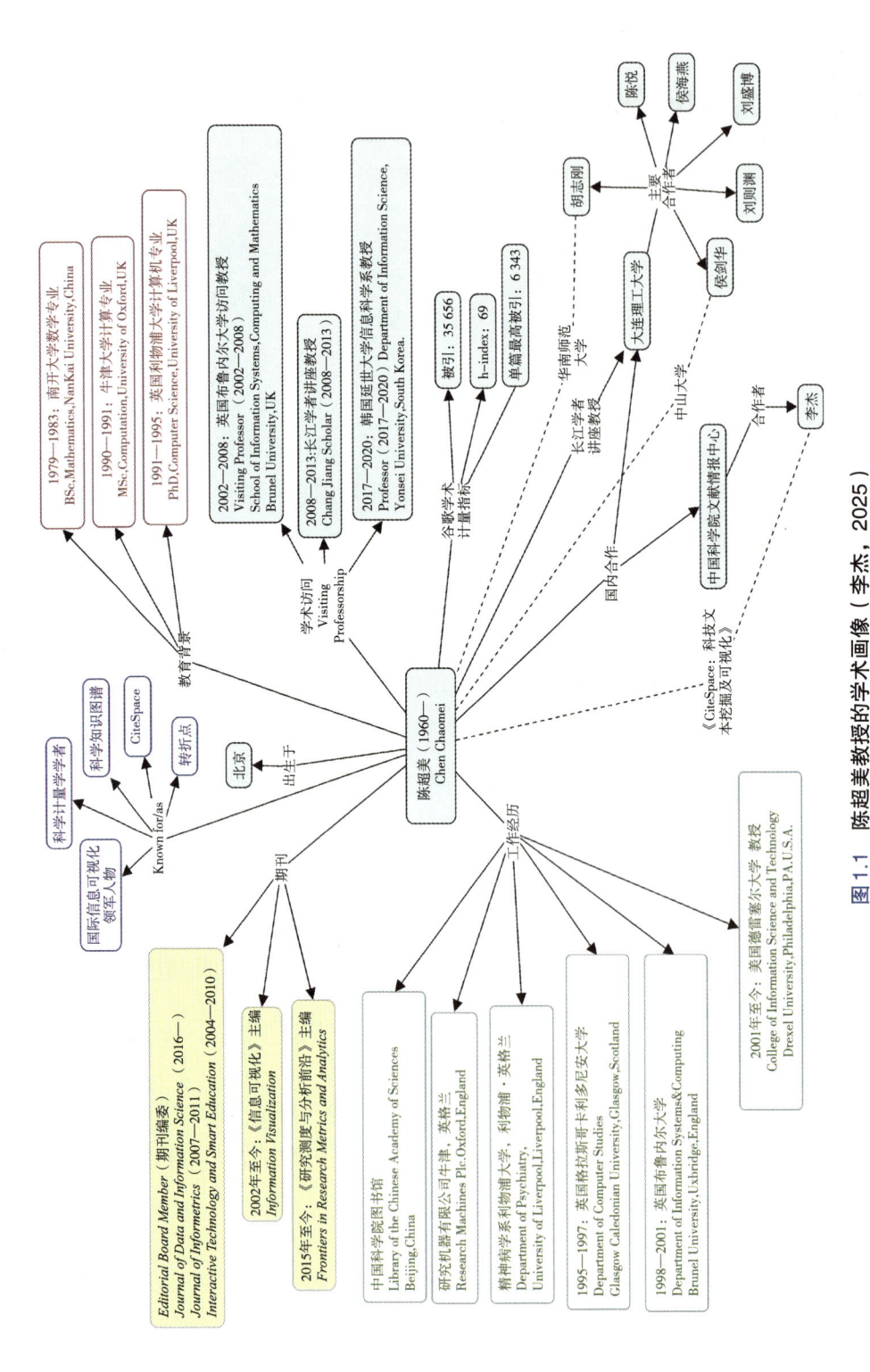

CiteSpace：科技文本挖掘及可视化

图 1.1 陈超美教授的学术画像（李杰，2025）

软件，旨在挖掘科技文本数据中蕴含的潜在知识，以认识科学结构及其动态发展规律。CiteSpace名称的由来与其早期以构建引文网络为主相关，其后来的版本中又增加了作者、机构、国家/地区的合作以及双图叠加等项目或功能。CiteSpace通过可视化的形式揭示科学知识的结构及其演化情况，因而其得到的结果也被称为"科学知识图谱"、"科学地图（或知识地图）"或"学术地图"。在以CiteSpace为核心基础的科学知识图谱研究与应用中，来自大连理工大学的刘则渊教授做出了突出贡献。他率先将科学知识图谱研究引入我国，并较早地给出了科学知识图谱的定义，即：科学知识图谱是以知识域为对象，显示科学知识的发展进程与结构关系的一种图像。在刘则渊教授的推动下，陈超美成为大连理工大学的长江学者讲座教授。后来，双方团队合作，深入推进了CiteSpace在国内的应用。

1.2 核心原理

CiteSpace在设计和研发中融汇了一系列的理论和相关概念。为帮助用户深入认识CiteSpace，现对其核心原理总结如下（陈超美，2018）：

（1）哲学基础。

托马斯·库恩的《科学革命的结构》为CiteSpace的设计和研发提供了哲学基础（Kukn，1962）。库恩认为，科学的推进是建立在科学革命基础上的一个往复无穷的过程，在这个过程中会出现一个又一个的科学革命，人们通过科学革命而接纳新的观点，而新观点的重要性在于能否对我们所观察的对象做出更令人信服的解释。库恩提出科学革命是新旧科学范式的交替和兴衰。科学认识中会出现危机，而危机所带来的新旧范式的转换，都将在学术文献中留下印记。库恩的理论给我们提供了一个具有指导意义的框架，如果科学进程真像库恩所洞察的那样，那我们就应该能从科学文献中找出范式兴衰的足迹。

（2）结构洞理论。

结构洞理论最早由芝加哥大学罗纳德·博特在研究社会网络和社会价值时提出（Burt，1992，2004）。他研究的问题是：人们在社会网络中的位置和他们创意的质量是否存在联系。其研究提供了关于结构洞这样的证据：在一个完全连通的社交网络中，每个人和所有的人都直接联系，因此，各种信息可以随意地从一个人传播到另一个人，在这样的网络中不存在结构洞；在另一类也是更常见的网络中，社交网络中不是每个人和所有其他人都有直接联系，这样便有了结构洞，即结构上的不完备，这种情况下，信息在网络中的流动受到其结构上的约束，每个人在网络中所能接触到的信息内容不再相同，传递和接受的时间也会出现差别。博特发现，位于结构洞周围的人往往具有更大的优势，而这一优势，往往又可以归结为他们所接触到的各类不同信息使得他们比其他人有更大的想象空间。这个问题归结为，我们能接触到的信息、意见或观点在多大程度上是广谱的和多样化的。这为我们通过知识网络来发现创新的本质提供了思路。

社交网络中的结构洞理论可以扩展到其他类型的网络，尤其是引文网络。那么，博特的结构洞理论和库恩的范式转换思想在CiteSpace中是如何体现的呢？在CiteSpace中，库恩的范式体现为一个又一个时间段所出现的知识聚类，聚类的主导色彩揭示了它们兴盛的年代，聚类整体在时间维度所呈现出的趋势则表征了科学的演化特征。博特的结构洞理论则为我们考察不同聚类间的连接提供了方法论，基于此理论，我们可以更深入地了解一个聚类是如何连接到另一个几乎完全独立的聚类的，以及哪篇具体文献在科学范式转换中起到了关键作用。结构洞的思想在CiteSpace中体现为寻找具有高度中介中心性的节点（Freeman，1979）。在这样的视角下，我们不再拘泥于考察特定论文的局部贡献，而是着眼于他们在学科领域的整体发展中所发挥的作用，这恰恰是系统性学术综述所追求的飞跃。

（3）信息觅食理论。

节点的中介中心性能引导我们快速发现有潜力的工作和新颖的想法。在现实中，仅仅有好的想法往往可能还不够，人们还需要做出自己的判断和决策。因此，CiteSpace在设计和发展中受到了最优信息觅食理论的启发和影响。该理论由Pirolli提出，用来解释信息搜索中人们是如何做出决策的（Pirolli，2007）。"最佳信息觅食理论"本身是"最佳觅食理论"的延伸。当我们搜索信息时，需要做出一系列的决定。所有这些决定都服务于一个简单的目的，即我们需要付出最少的代价来获得最大的效益，也就是广义的利益最大化。毋庸置疑，这些考虑都应限制在道德伦理、法律等的约束条件之内。根据这一理论，我们在觅食过程中的所有决定，都有意识或无意识地取决于如何将预期的增益和潜在风险之比最大化。高风险往往是相对的，新例证可能会减少我们最初对风险做出的评估。如果我们发现已经有学者在研究相同或类似的问题，对其他学者来说研究同一问题的风险将会大大降低。以前的研究也确实发现了这种效应。通常，高风险的想法在相关著作出版后会吸引更多的研究者来研究。最初的尝试会使人们对效益与风险之比进行重新评估，从而使其在新环境下更容易做出决策。

（4）克莱因伯格频率突增算法。

测度科学论文的引文在时间序列上的影响力的强度和持久性，是考察引文网络中关键论文信息的另一个重要方面。CiteSpace中引入了克莱因伯格突增算法来测度这种现象。该算法是克莱因伯格在2002年首次提出的，是用来测度对象频率突增的算法（Kleinberg，2002），对于考察关键文献在时间维度的引文频次变化有重要价值。如果一篇论文的引文频次突然急速增长，那么最可能的解释就是这篇论文切中了学术领域这个复杂系统中的某个要害部位。科学知识网络中，这样的节点通常揭示了一项很有潜力或很让人感兴趣的工作。

（5）结构变异理论。

科学知识网络的模块化是对其结构的全局性量度。在科学知识网络中，局部结构的变化可能会引起全局的改变，也可能不会引起任何全局上的改变。前者将成为科学研究中的经典，而后者在科学研究中昙花一现。为了测度科学知识网络因为局部变化而对整体网络产生的变异，我们通过监测知识系统如何对新论文做出反应来探测新论文的潜力。科学知识本身是一个自适应复杂系统。一篇新论文可以看作是自适应复杂系统所收到的信号，CiteSpace通过测度系统的模块化变化，为我们了解这篇论文的潜力提供有价值的信息。在科学研究中，新发现和新想法可能会改变我们的信念和行为，它的输入和输出不是线性相关，考察科学论文对现有知识系统的扰动为我们发现潜在重要科学发现提供了依据（Chen，2012，2014）。

1.3 概念模型

科学计量学之父普赖斯认为，参考文献的模式标志着研究前沿本质（Price，1965）。在此理论的影响下，2006年，陈超美教授在系统调研、梳理和研究前沿的识别理论与方法的基础上，通过构建文献共被引网络与施引文献之间的映射关系，巧妙地提出了研究前沿（Research Fronts）和知识基础（Intellectual Bases）的概念模型，如图1.2所示。基于该概念模型，CiteSpace Ⅱ被设计和开发出来。进一步，通过对全球"恐怖主义"和"生物灭绝"科

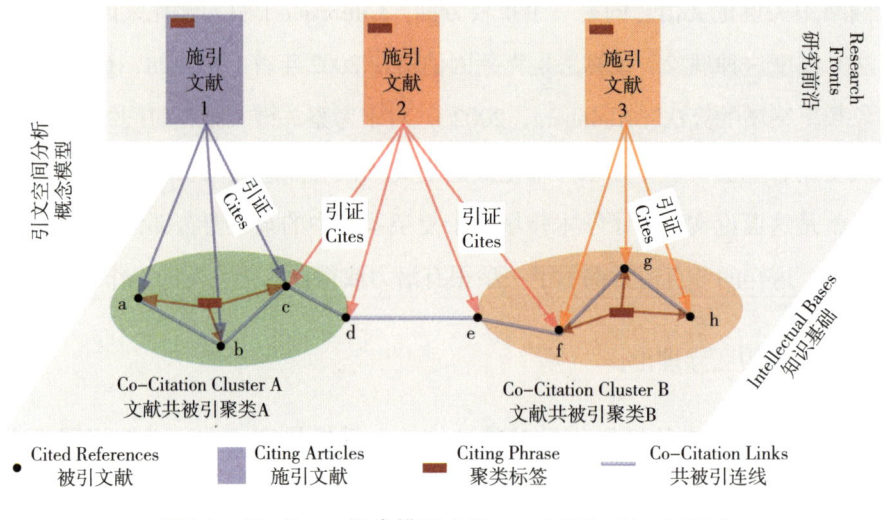

图1.2 CiteSpace概念模型（Chen，2006；Li，2020）

学文献的案例研究，证明了该理论与技术的有效性（Chen，2006）。自此，基于引文空间模型的科学前沿和知识基础的应用研究就成为一个重要方向，CiteSpace也在学术共同体内部进入了快速增长期。

1.4 发展演化

1.4.1 研究推进

据谷歌学术统计，截至2025年1月8日，陈超美的论文总被引已经达到40 396次，近五年的总被引频次达到了22 363次，h指数达到了71[1]。若将陈超美教授发表的CiteSpace相关论著进行统计，会发现CiteSpace在其中发挥了重要作用。这反映了与CiteSpace相关的研究在其整体学术研究中的重要地位，也成为陈超美教授科学贡献和影响力的重要组成部分。特别是有关CiteSpace Ⅱ的经典论文，被引累计已经达到了7 316次，中译本被引则达到了564次。这直观地反映了CiteSpace的广泛应用和重要学术影响（Chen，2006）。为了帮助读者更加深入地认识CiteSpace的研发路径，现对重要的研究文献总结如表1.1所示。

表1.1 CiteSpace核心文献与功能演化

编号	标题	年份	被引次数	主要贡献
1	Searching for intellectual turning points: progressive knowledge domain visualization（Chen，2004）	2004	2 979	CiteSpace Ⅰ（转折点）
2	CiteSpace II: detecting and visualizing emerging trends and transient patterns in scientific literature（Chen，2006）	2006	7 316	CiteSpace Ⅱ
3	Towards an explanatory and computational theory of scientific discovery（Chen et al.，2009）	2009	572	CiteSpace 2.1

---

[1] 李杰，2025. 陈超美教授谷歌学术论文列表［EB/OL］.［2025-01-08］. https://doi.org/10.5281/zenodo.14616164。

续表

编号	标题	年份	被引次数	主要贡献
4	The structure and dynamics of cocitation clusters: a multiple-perspective cocitation analysis（Chen et al., 2010）	2010	2 086	CiteSpace Ⅲ
5	Emerging trends in regenerative medicine: a scientometric analysis in CiteSpace（Chen et al., 2012）	2012	1 450	案例研究（再生医学）
6	Predictive effects of structural variation on citation counts（Chen, 2012）	2012	359	结构变异理论
7	Emerging trends and new developments in regenerative medicine: a scientometric update (2000–2014)（Chen et al., 2014）	2014	813	案例研究（再生医学）
8	Patterns of connections and movements in dual-map overlays: a new method of publication portfolio analysis（Chen and Leydesdorff, 2014）	2014	581	期刊的双图叠加
9	Science Mapping: a Systematic Review of the Literature（Chen, 2017）	2017	1 927	案例研究（科学知识图谱）
10	Visualizing a field of research: a methodology of systematic scientometric reviews（Chen and Song, 2019）	2019	1 094	引文级联分析

注：被引次数统计来自Google Scholar。

2004年，陈超美教授发表了《搜索知识转折点》一文（Chen, 2004），首次介绍了CiteSpace Ⅰ在科学知识网络可视化分析中的应用，并提出了科学研究中转折点的含义及其测度方法。谷歌学术显示，该文迄今为止被引频次达到了2 979次。2006年，在CiteSpace Ⅰ论文的基础上，陈超美教授又发表了《CiteSpace Ⅱ：科学文献中新趋势与新动态的识别与可视化》，进一步对

CiteSpace的功能进行了完善，实现了网络节点的突发性探测、中介中心性和异质网络的分析等功能。也正是在该篇论文中，他把研究领域概念化成研究前沿和知识基础之间的映射关系，以识别研究前沿的本质和演化趋势。在后期版本中，CiteSpace持续根据最新的前沿研究成果进行功能迭代。如在2010年的CiteSpace Ⅱ版本中引入了测度科学知识网络聚类效果的评价（如，指标模块化值和轮廓值），又在后来的发展中，于2012年和2014年先后提出了网络结构变异分析和期刊的双图叠加分析。CiteSpace还在不断发展，如2022年在AIGC的发展背景下，该软件又接入了通过大模型来解读聚类这一功能。

1.4.2 更新足迹

自2003年以来，陈超美教授持续对CiteSpace进行更新和升级。截至2024年年底，CiteSpace已经累计更新了845次，是同类工具中功能完善最为及时的软件之一。利用CiteSpace提供的软件更新手记（Help→What's new），可对软件更新的频次从年、月、日三个层面进行统计，见图1.3。从年度更新的分布来看，CiteSpace的更新次数从2003年到2009年急速增长，这也表明了其功能的快速迭代；2009年之后的更新频次整体下降，并趋向稳定。2014年之后，CiteSpace的更新开始第二轮增加，并在2016年达到了67次。2016年之后的更新频次仍然处在较高的水平。2020年之后又开始了新一轮的增长，并在2022年达到峰值后下降。从更新的月份分布来看，CiteSpace在所有更新时间段内的各月更新次数整体差距不大，5月、8月和12月更新的频次略高于其他月份。从以日为单位的统计来看，下半月的软件更新频次要比上半月高。特别是在每月的15—27日，更新频次呈现了增长的趋势。软件更新的时间分布显示了CiteSpace作为一种数据分析工具的不断完善和发展过程，彰显了其中凝聚的软件开发者大量的工作付出。陈超美教授在软件开发的同时，还提供了大量的软件免费教程，这也在很大程度上提升了CiteSpace在各个领域的知名度和学术影响力。

图1.3 软件的更新趋势

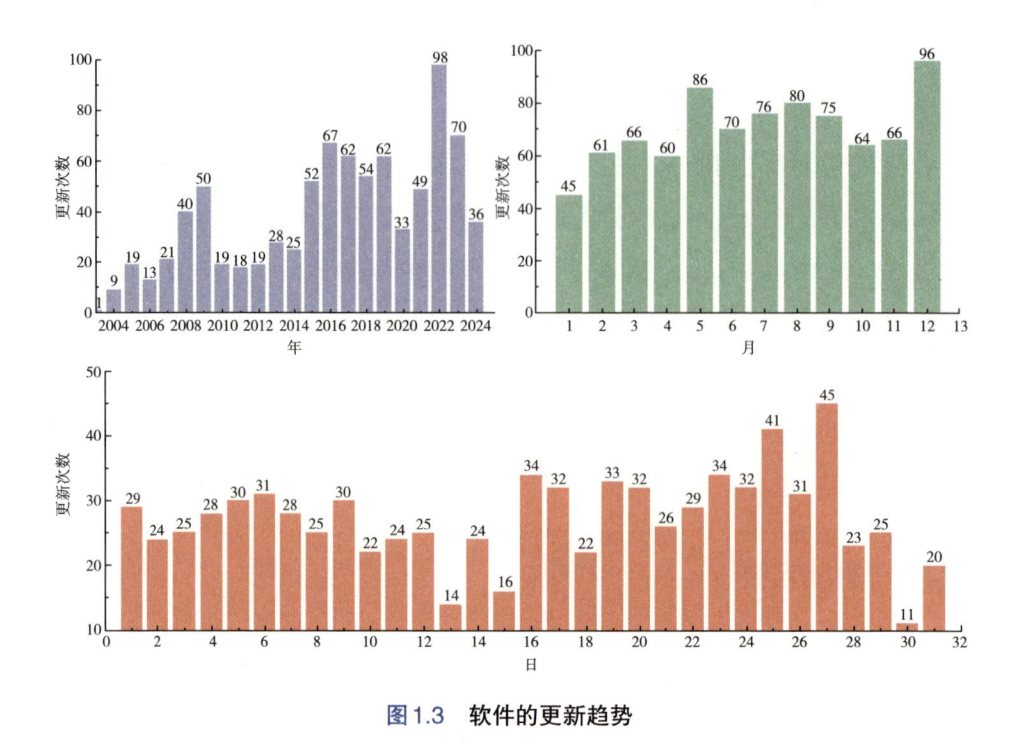

数据来源：CiteSpace功能与参数区Help菜单栏的软件更新记录What's new。

1.5 应用概貌

1.5.1 英文论文应用

在Web of Science核心数据集中，以CiteSpace为主题进行数据检索（TOPIC：CiteSpace；FPY=2003-2024），共得到从2005年到2024年的论文5 553篇，年均产出量达到268篇。CiteSpace相关论文的年度产出趋势如图1.4所示。结果表明，被WoS核心库收录的CiteSpace论文呈现出显著的增长趋势，反映了其在国际学术共同体中应用的热度越来越高。

在《安全科学知识图谱导论》中，李杰借助WoS平台，对引用CiteSpace经典论文的施引文献科学领域分布（Field：WoS Categories）进行了初步的研究（李杰，2018）。结果显示，CiteSpace在科学研究中主要分布在计算机科学、信息科学以及医学等60个领域。截至2024年的数据分析结果显示，应用CiteSpace的5 553篇论文的来源领域已经达到211个，表明CiteSpace已经被广泛应用于各个科学研究领域中。在所有的领域中，环境科学、普通内科、环境研究以及绿色可持续科学技术等领域的应用最为活跃。更多信息参见表1.2。

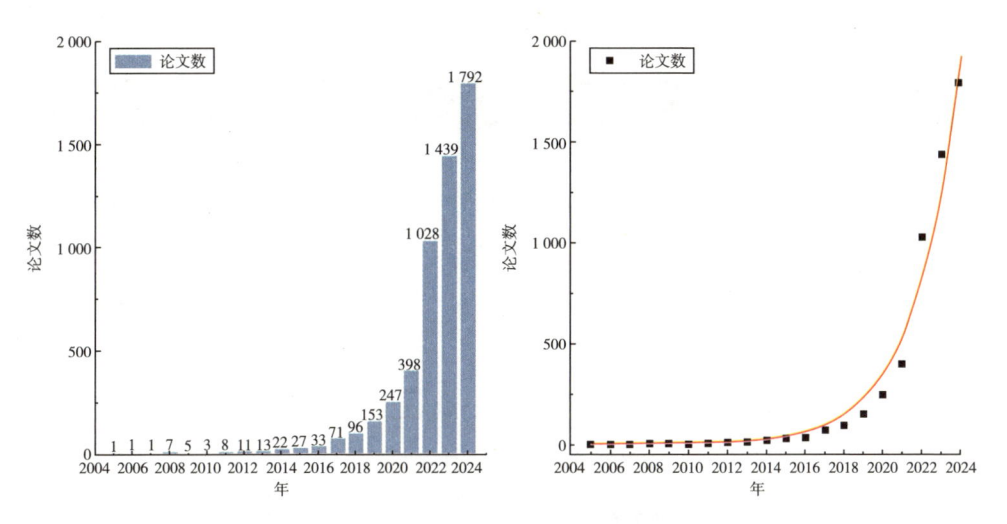

图1.4　WoS中应用论文的应用趋势

表1.2　WoS中应用论文的来源领域分布

编号	应用领域（英文）	应用领域（中文）	论文数
1	Environmental Sciences	环境科学	730
2	Medicine General Internal	普通内科	396
3	Environmental Studies	环境研究	282
4	Green Sustainable Science Technology	绿色可持续科学技术	281
5	Neurosciences	神经科学	273
6	Multidisciplinary Sciences	多学科科学	269
7	Oncology	肿瘤学	257
8	Public Environmental Occupational Health	公共环境职业健康	245
9	Clinical Neurology	临床神经学	232
10	Pharmacology Pharmacy	药理学与药剂学	216

在出版物维度上，CiteSpace的主题论文主要发表在 1 549 个不同的出版物上，其中发文量超过 50 篇的期刊见表1.3。在所有学术期刊中，*Medicine*以发文 263 篇居第一位，随后依次是*Sustainability*、*Heliyon*等期刊。从整体上来看，CiteSpace相关成果主要发表在MDPI、Frontiers以及爱思唯尔的开源期刊上。

表1.3 WoS中应用论文的主要刊物

编号	期刊名称	论文数	篇均被引
1	*Medicine*	263	1.71
2	*Sustainability*	222	13.69
3	*Heliyon*	213	2.10
4	*Frontiers in Oncology*	136	5.05
5	*Frontiers in Pharmacology*	117	9.50
6	*Environmental Science and Pollution Research*	103	15.23
7	*Frontiers in Immunology*	101	12.33
8	*Frontiers in Public Health*	94	11.24
9	*Frontiers in Neurology*	86	4.00
10	*International Journal of Environmental Research and Public Health*	78	17.08
11	*Journal of Pain Research*	73	8.59
12	*Frontiers in Medicine*	72	5.38
13	*Frontiers in Cardiovascular Medicine*	57	6.19
14	*Frontiers in Psychology*	57	10.18
15	*Buildings*	54	5.46
16	*Frontiers in Endocrinology*	52	5.21
17	*Frontiers in Neuroscience*	52	3.77
18	*Frontiers in Psychiatry*	51	6.96

在国家/地区的产出维度上，目前CiteSpace的应用遍布 85 个国家或地区（图 1.5）。其中，我国以发文量 4 818 篇（占比 89.922%）高居榜首，

随后依次是美国（214篇）、澳大利亚（102篇）、马来西亚（96篇）、英国（86篇）、印度（72篇）以及韩国（56篇）等。从分析结果不难看出，CiteSpace的用户主要来自我国，其他国家或地区的应用相对而言极少。这是因为，与其他国家或地区相比，我国CiteSpace的推广和学习资料最为全面和系统。

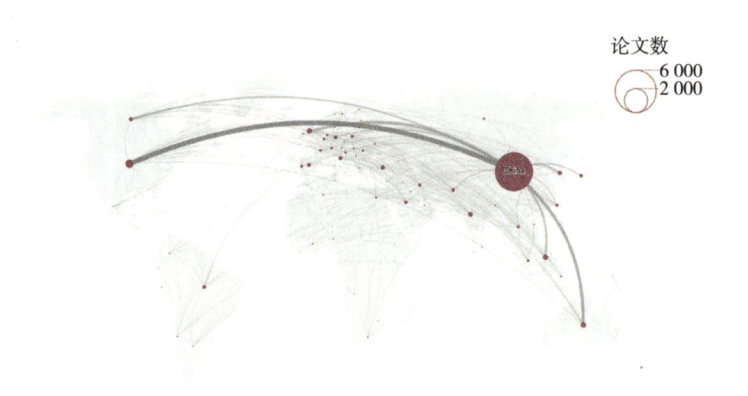

图1.5　WoS中应用论文的区域分布

在机构层面上，主要高产机构都来自我国，其中排在前10位的机构依次为中南大学（189篇）、四川大学（167篇）、北京中医药大学（154篇）、中国中医科学院（148篇）、中国科学院（142篇）、首都医科大学（113篇）、上海交通大学（112篇）、浙江大学（100篇）、同济大学（99篇）以及中国医学科学院北京协和医学院（90篇）。

1.5.2　中文论文应用

关于CiteSpace在国内相关应用现状的分析，已在文献中有所涉及（李杰等，2018）。在以往分析的基础上，在中国知网引文数据库中（2025年1月8日）以CiteSpace为主题进行检索，共得到19 901篇文献。其中，学术期刊文献1.73万篇，学位论文615篇，会议论文1 222篇，报纸2篇，图书4部，成果类文献1个，学术辑刊241篇以及特色期刊524篇。这反映了CiteSpace在国内学术研究中应用的广泛性。在时间维度上（图1.6），2006—2023年CiteSpace

的论文产出数量呈现出显著的增长趋势，在2023年甚至达到了4 494篇；2024年CiteSpace的应用虽然有一定减少，但仍然达到了3 895篇。

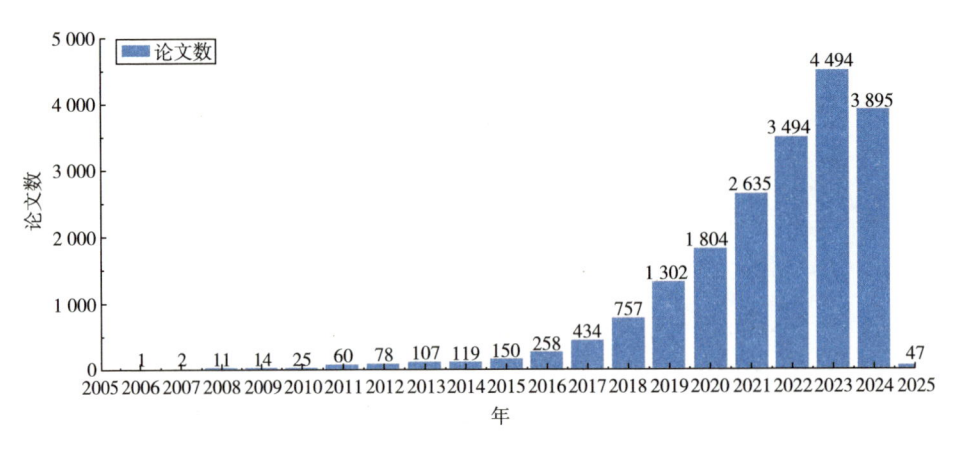

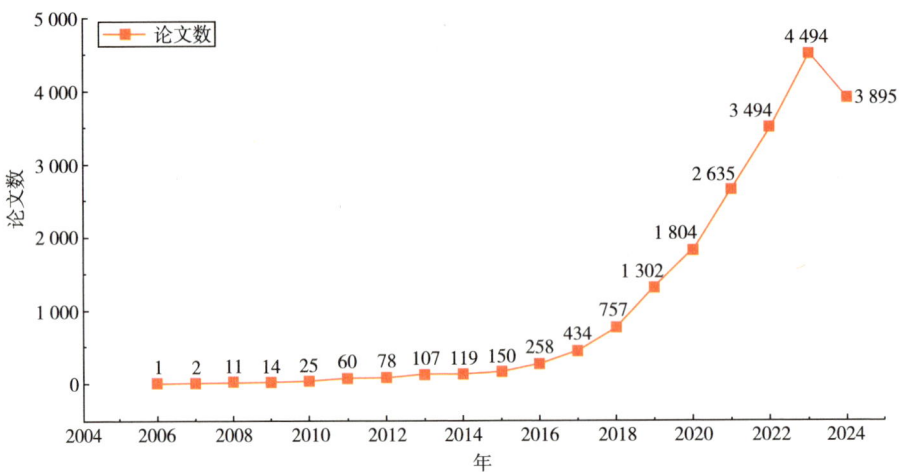

图1.6　CNKI中应用论文的产出趋势

CiteSpace中文文献来源机构、领域以及期刊的统计分析结果显示：①应用CiteSpace的核心机构主要为北京中医药大学（260篇）、湖南中医药大学（198篇）、武汉大学（168篇）、华中师范大学（143篇）、成都中医药大学（133篇）、辽宁师范大学（132篇）、北京师范大学（130篇）、福建农林大学（126篇）、贵州师范大学（125篇）以及广西中医药大学（124篇）；②在领域层面上，应用CiteSpace的文献主要来自图书情报与数字图书馆（13 412

篇）、体育（1 278篇）、中医学（1 183篇）、计算机软件及计算机应用（1 141篇）、建筑科学与工程（1 132篇）、教育理论与教育管理（1 122篇）、高等教育（994篇）、农业经济（931篇）、环境科学与资源利用（896篇）以及临床医学（788篇）等方面；③从中文文献发表的期刊来看，CiteSpace的论文主要发表在《中国医药导报》（197篇）、《全科护理》（118篇）、《教育观察》（111篇）、《科技和产业》（104篇）、《现代信息科技》（100篇）、《城市建筑》（93篇）、《循证护理》（90篇）以及《医学信息》（90篇）上，反映了CiteSpace在医学和教育等领域应用活跃。

综上所述，无论是在英文论文还是中文论文中，CiteSpace已经广泛地应用在科学研究领域的方方面面，已成为科学研究的基础工具。从领域分布上我们也不难发现，在早期的研究中，CiteSpace的应用群体以来自信息资源管理领域的学者为主，成果也主要发表在图书情报领域的期刊上。然而，最新的分析结果表明，CiteSpace的应用群体已经以医学与教育等领域的学者为主，这种变化也表明其跨领域的应用已逐渐走向成熟。

1.6 应用问题

通过调研CiteSpace的应用论文，这里对存在的应用问题总结如下：

（1）文献信息检索基础知识匮乏。不当的文献信息检索策略会使得到的数据不能准确反映所研究的内容。也就是说，在执行数据分析任务时，如果所分析的数据本身是存在问题的，那么得到的结果的准确性自然大打折扣，即Rubbish in，Rubbish out或Garbage in，Garbage out（GIGO）。

（2）对数据分析的原理认识不足。对CiteSpace核心原理以及科学计量学的方法论体系认识不够，导致对科学知识图谱解读的语言不规范（有错误解读、过度解读和遗漏解读等现象）。另外，在使用CiteSpace进行研究时，即使用户已经在专业内工作多年，也不能保证所有用户对所分析的专业都完全熟悉。这就要求在对图谱进行解读时，要多向该领域专家咨询，以避免因个人或者少数专家的偏见带来对结果解读的偏差。这类似于一位助理医生即使很熟悉利用X射线为病人拍片子，但最后还是离不开专业医生的诊断。也就是说，经过专业的培训和长期的操作经验积累，可以提升用户对CiteSpace的熟悉程度，但当得到一幅幅"科学X射线片子"（科学图谱）时，更需要制图者有高水平的专业知识来进行解读。只有这样，才能为学术共同体呈现该领域客观完整的科学发展故事。

（3）可视化图谱呈现的目的不明确。有相当一部分论文，读者很难通过论文中提供的可视化图谱来还原论文中所论述的科学发现。也就是说，论文中的科学知识图谱是可有可无的，因为在阅读论文的时候很难将作者的分析结果与图谱对应起来。多数情况下，造成混乱的原因是图片的信息过载。而信息过载造成图谱的混乱，给读者认识论文的科学发现带来了极大的不便。因此，用户在呈现可视化图谱时，一定要围绕可视化的目的，明确当前图谱要呈现的核心内容，同时要善用软件所提供的各类参数对图谱进行优化。

（4）软件参数设置表述不清。当前已经发表的论文中，遗漏软件参数设置说明的情况大量存在，这直接影响了读者对分析结果的复现。建议作者在通过CiteSpace撰写研究论文或报告时，不仅要给出详细的数据采集策略，而且要列出进行数据分析时CiteSpace的参数设置。

最后，整体来看，大量CiteSpace论文仍然以浅层次的应用为主，且滥用和误用现象严重。建议CiteSpace用户进一步提升科学计量学的理论积累，深入认识CiteSpace方法论内核，以充分发挥其在科学研究中的核心价值。

1.7 本书结构

本书的写作逻辑是以CiteSpace所提供的功能模块为主线的。前3章对CiteSpace的基本情况即使用、下载、界面、功能等方面进行概述。从第4章开始，按照CiteSpace提供的科学知识图谱类型，逐章分别介绍。各章的内容概要如下：

第1章：软件的研发与进展。在学习一个软件之前，用户首先需要对CiteSpace软件的开发背景、相关理论和应用现状有一个大致的了解。虽然本章没有特别强调CiteSpace能做什么，但在对应用现状的总结中，读者能够大致了解CiteSpace所具有的功能和潜在的价值。

第2章：软件安装与功能界面。这一章主要对CiteSpace的安装过程、案例运行以及功能模块进行介绍。通过本章的学习，用户将全面掌握CiteSpace应用的技术基础，支撑后续章节的数据分析。

第3章：文献数据采集与处理。文献数据的检索和采集是应用CiteSpace的先修知识。通过本章的学习，用户不仅要知道CiteSpace可以处理哪些数据库的数据，还必须知道数据的采集流程、数据标准格式以及数据预处理的途径或过程。

第4章：共被引网络的构建。文献的共被引是CiteSpace最为经典的功能，也是每一位CiteSpace用户必须掌握的功能。在这一章中，我们以具体的Web of Science数据为例进行详细的操作演示。

第5章：科研合作网络的构建。在CiteSpace中，可以从三个维度来构建科研的合著网络，依次为国家/地区（宏观）、机构（中观）和作者（微观）层面的合作。此外，CiteSpace还提供了借助Google Earth进行科研合作网络的地理可视化功能。

第6章：主题共现网络的构建。本章在简要介绍词频与共词分析的基础上，对CiteSpace中的两类共词分析方法进行详细介绍。用户可以结合词频和共词网络，认识所关注对象的研究热点及其主题的结构。

最后，结合CiteSpace的功能模块，对数据分析的详细流程总结如图1.7所示。

CiteSpace：科技文本挖掘及可视化

CiteSpace可以解答的问题：
（1）什么时间开始研究（when）？哪里研究强（where）？有哪些知名的学者（who）？该领域的合作如何（co-authorship）？等等。
（2）某领域研究热点及其演进特征有哪些？领域的研究前沿、知识基础以及研究范式如何演变？
……

通过想要回答的问题来确定收集数据的策略

科技文本数据的采集

CiteSpace安装及界面功能

Web of Science
Scopus
中国社会科学引文索引
中国知网等

除了Web of Science数据外，其他数据库来源的数据多数需要进行数据转换处理。

数据命名为download_xx，并复制一份到建立的"data"文件夹中。

https://citespace.podia.com/

准备数据储存文件夹并启动CiteSpace

*下载后注意备份原始数据

地理可视化

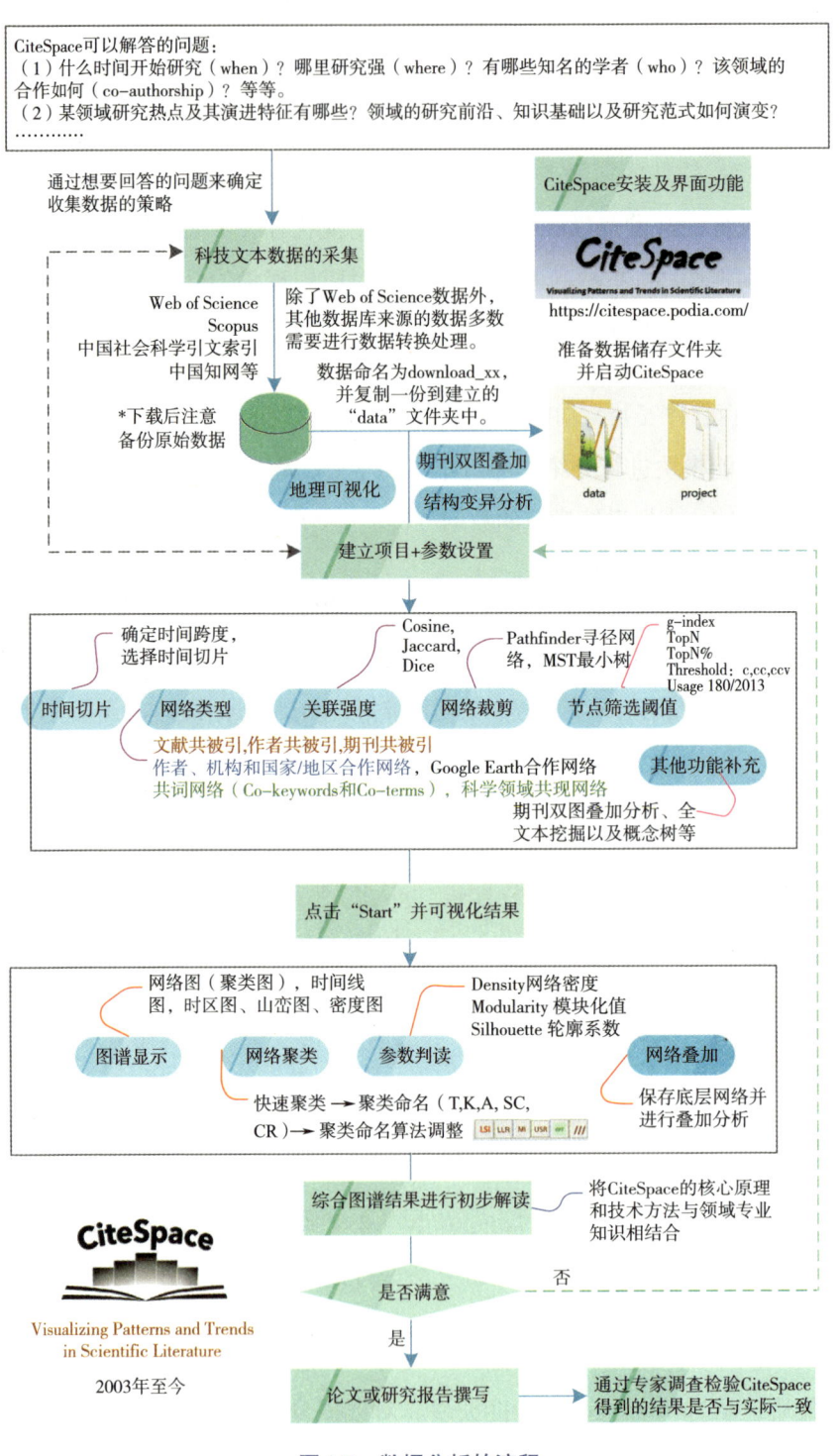

期刊双图叠加

结构变异分析

data   project

建立项目+参数设置

确定时间跨度，选择时间切片

Cosine, Jaccard, Dice

Pathfinder寻径网络，MST最小树

g-index
TopN
TopN%
Threshold：c,cc,ccv
Usage 180/2013

时间切片   网络类型   关联强度   网络裁剪   节点筛选阈值

文献共被引，作者共被引，期刊共被引
作者、机构和国家/地区合作网络，Google Earth合作网络
共词网络（Co-keywords和Co-terms），科学领域共现网络

其他功能补充

期刊双图叠加分析、全文本挖掘以及概念树等

点击"Start"并可视化结果

网络图（聚类图），时间线图，时区图、山峦图、密度图

Density网络密度
Modularity 模块化值
Silhouette 轮廓系数

图谱显示   网络聚类   参数判读

网络叠加
保存底层网络并进行叠加分析

快速聚类 → 聚类命名（T,K,A, SC, CR）→ 聚类命名算法调整   LSI LLR M USR ///

综合图谱结果进行初步解读

将CiteSpace的核心原理和技术方法与领域专业知识相结合

CiteSpace
Visualizing Patterns and Trends in Scientific Literature
2003年至今

是否满意

否

是

论文或研究报告撰写

通过专家调查检验CiteSpace得到的结果是否与实际一致

图1.7　数据分析的流程

思考题

（1）谈谈你对CiteSpace的认识。（你最早是在什么时间和什么渠道了解到CiteSpace的？你最初认为CiteSpace可以对科学研究有哪些支撑？）

（2）通过中英文的全文数据库，检索近半年使用CiteSpace的科技论文，分组各选择1篇进行讨论。

（3）从你了解的科技论文来看，学者在应用CiteSpace时存在哪些明显的问题？你认为产生这些问题的原因是什么？（该问题需要学生在学习中逐步体会并完善。）

（4）论述CiteSpace的概念模型。

（5）CiteSpace主要应用于哪些领域？举例说明应用了哪些功能，解决了哪些问题？

（6）请通过相关文献或百科全书[1]，学习和理解下面的术语：

引文分析、施引文献、被引文献、文献共被引分析、文献耦合分析、研究前沿、知识基础、研究热点、中介中心性、结构洞、本地被引次数、全局被引次数、h指数以及g指数等。

---

[1] 李杰. 开放科学计量学在线百科［EB/OL］.［2025-02-28］.https：//smartdata.las.ac.cn/pedia/home?lang=CN.

2 软件安装与软件功能
CiteSpace Installation and Functionality

2.1 软件下载与安装

CiteSpace软件是基于Java开发的，在下载和安装之前，通常需要先安装Java软件，以确保CiteSpace软件的正常运行。用户可以通过Java for Windows主页下载和安装Java[1]。在成功安装Java后，可以按照下面的步骤下载和安装CiteSpace软件。

第1步：登录CiteSpace官网（图2.1）[2]。该网页包含了关于CiteSpace的Blogs（博客）、Exemplars（案例）、Gallery（画册）、FAQs（常见问题）、Standard（标准版）、Advanced（高级版）、Glossary（术语）、Videos（学习视频）以及References（参考文献），为全面了解和学习CiteSpace提供了丰富的素材。

第2步：下载。当前，为了维持CiteSpace的研发，除了CiteSpace Basic版本免费外，其他的CiteSpace版本对新用户会收取一定的订阅费用。用户可以点击菜单栏中的Standard（标准版）或Advanced（高级版）来选择不同的套餐。购买完成后，用户就可以通过提交的邮箱和注册信息登录系统，下载对应版本的CiteSpace（图2.2）。例如，本教程以下载CiteSpace（Advanced）来进行说明（其他版本的下载过程类似）。在Products中点击3.CiteSpace（Advanced），进入高级版下载页面（图2.3）。软件下载页面显示，截至2024年1月，最新版的CiteSpace为 6.4.R1 Advanced for Windows（Built 12/27/2024;

---

[1] Java下载地址：https://www.java.com/en/download/。

[2] CiteSpace下载地址：https://citespace.podia.com/。注意，建议用户直接从官网下载，目前淘宝等其他途径获取的软件可能会被植入病毒，引起数据丢失或其他信息安全问题。

CiteSpace：科技文本挖掘及可视化

Expires 12/31/2026），即2024年12月27日发布的6.4.R1。点击CiteSpace-6.4.1-installer.exe即可将安装包下载到本地电脑。

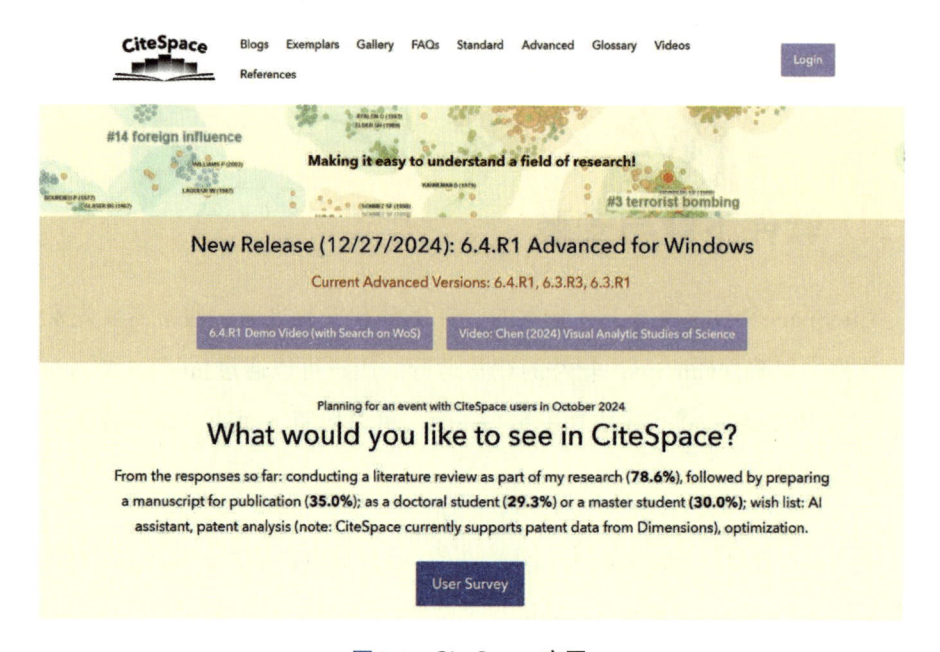

图2.1　CiteSpace官网

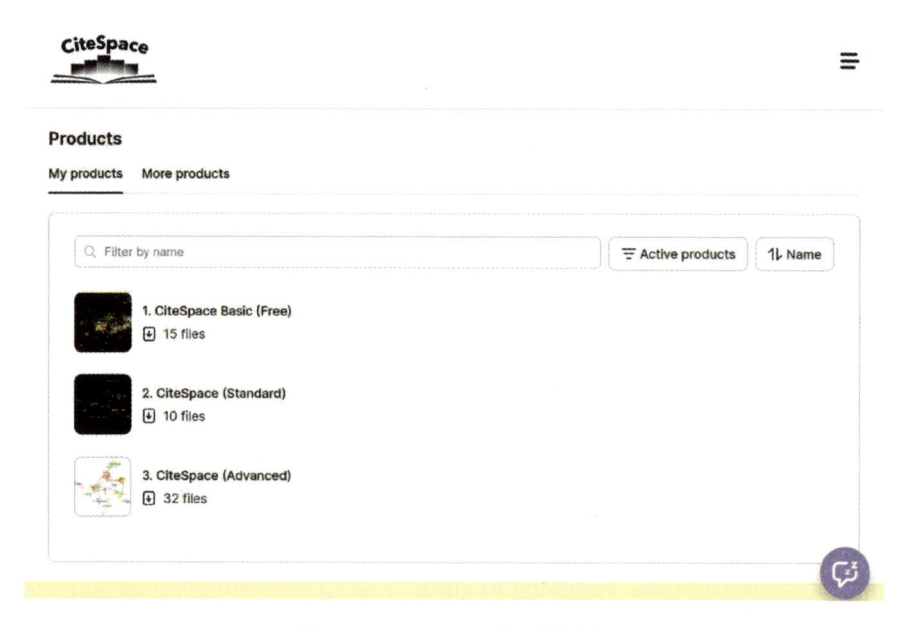

图2.2　CiteSpace的不同版本

22

2 软件安装与软件功能
CiteSpace Installation and Functionality

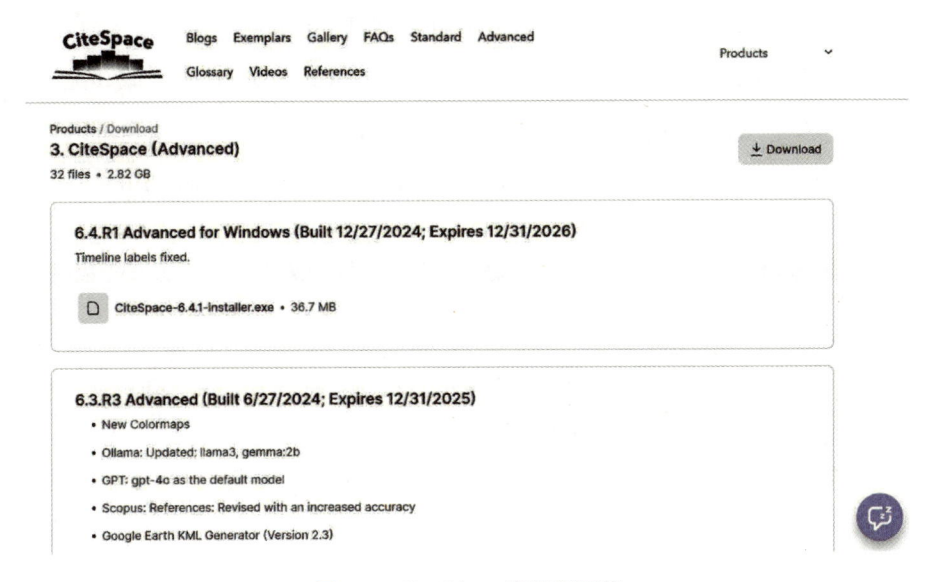

图2.3　CiteSpace高级版下载

第3步：安装。软件下载完成后，双击CiteSpace-6.4.1-installer.exe安装CiteSpace软件（图2.4）。首次联网启动后，CiteSpace会自动下载和配置相关文件，用户只需要按照提示点击Next，并直至所有文件配置完为止。

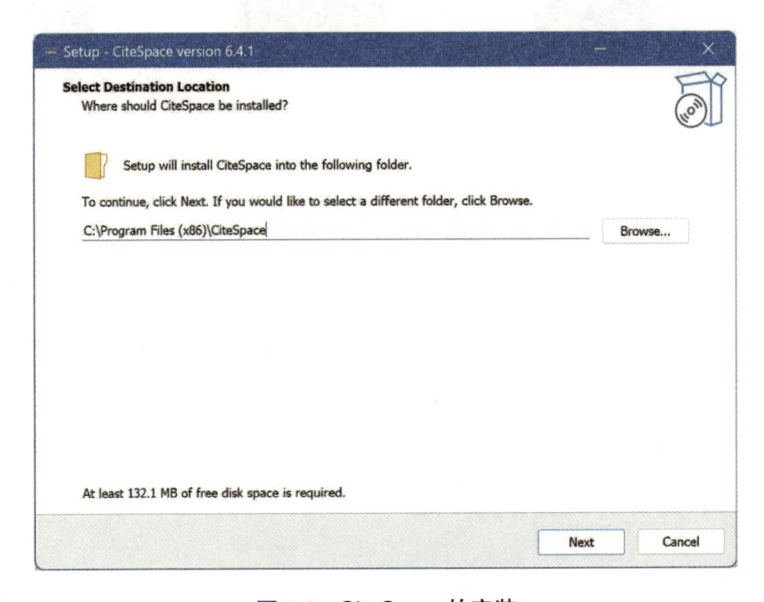

图2.4　CiteSpace的安装

23

CiteSpace安装完成后，默认会自动打开软件（图2.5）。同时，会在"我的文档"中生成一个".citespace"，这个文件就是CiteSpace在线下载和配置的文件夹。在后续的数据分析中，若CiteSpace运行出现了问题，用户可以整体删除".citespace"文件，然后在联网的环境下重新启动CiteSpace即可。

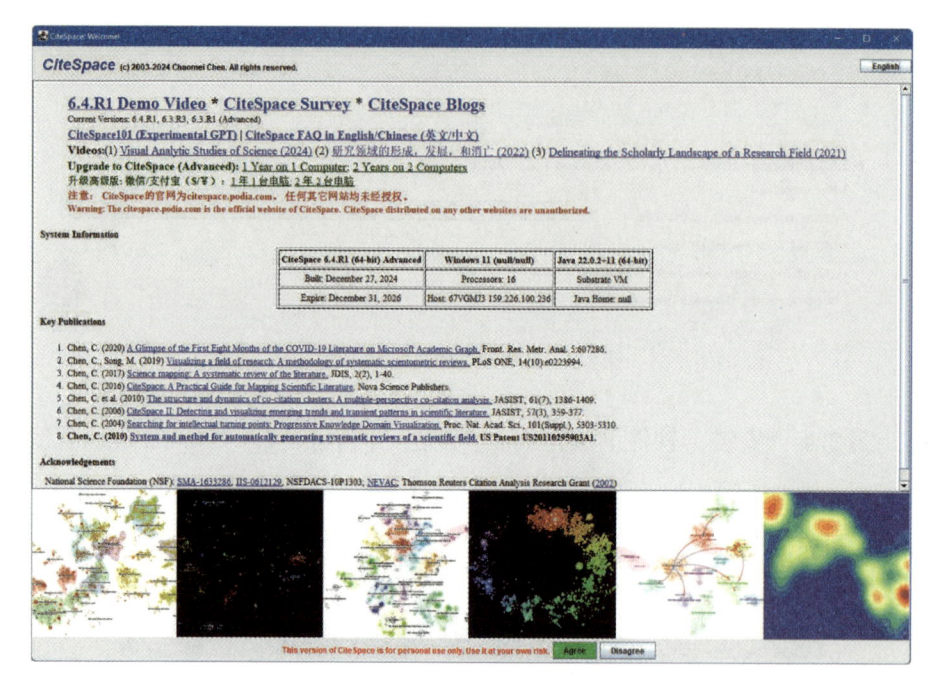

图2.5　CiteSpace软件欢迎界面

CiteSpace欢迎界面包含了CiteSpace的最新资讯（如最新版的演示视频、在线调查和常见问题链接等），System Information（系统的基本信息，包含了软件的版本、系统的版本以及Java的版本），Key Publications（关于CiteSpace的关键文献），以及Acknowledgements（相关机构对CiteSpace的资助信息）。

2.2　启动软件案例数据

在欢迎界面中，点击Agree，即可进入CiteSpace软件的功能参数区（图2.6）。在功能参数区中，CiteSpace提供了默认的演示案例Demo 1：

Terrorism（1996–2003）。在不做任何调整的情况下，用户可以点击Start，直接对该案例进行文献的共被引分析。运行结束后，软件会提示用户选择Visualize（可视化）、Save As GraphML（保存为GraphML格式文件）或者Cancel（取消数据分析）。若点击Visualize，用户将进入文献共被引网络的可视化功能区界面，如图2.7所示。关于该案例的具体分析及其结果的解读，可以参考论文《CiteSpace Ⅱ：科学文献中新趋势与新动态的识别与可视化》（Chen，2006）。

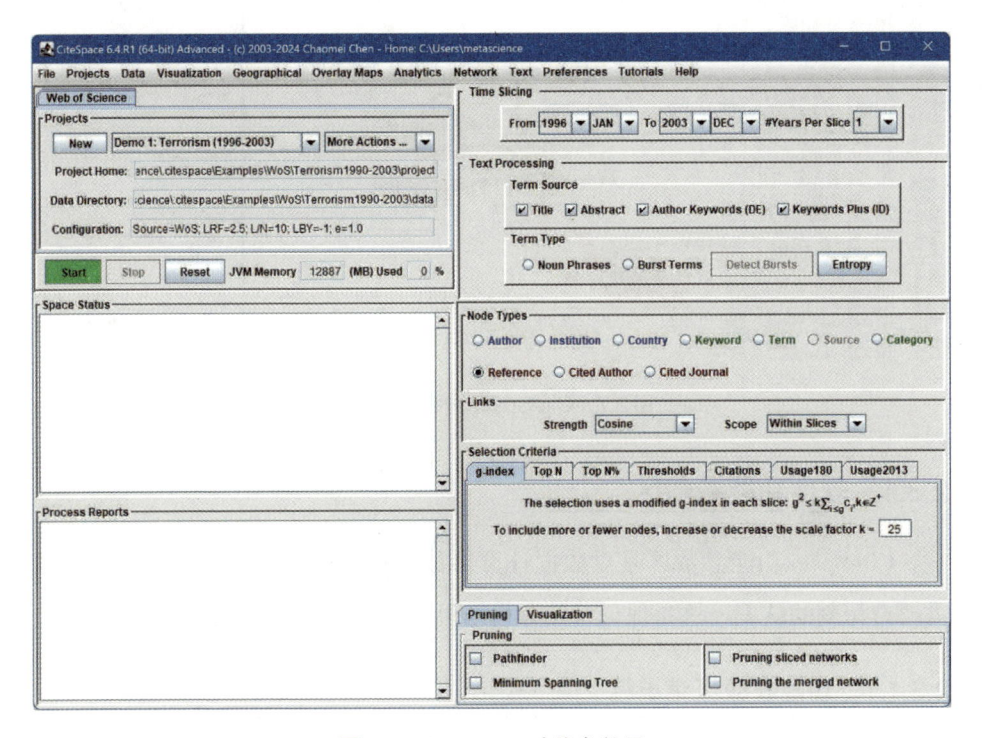

图2.6　CiteSpace功能参数区

那么，CiteSpace中的参数具体代表什么含义？还有哪些可视化形式或类型可以选择？下面我们将详细为读者进行介绍。

2.3　软件界面及功能

CiteSpace的功能界面主要分为两大模块：一是CiteSpace功能参数区

（图2.6），二是CiteSpace可视化功能区（图2.7）。

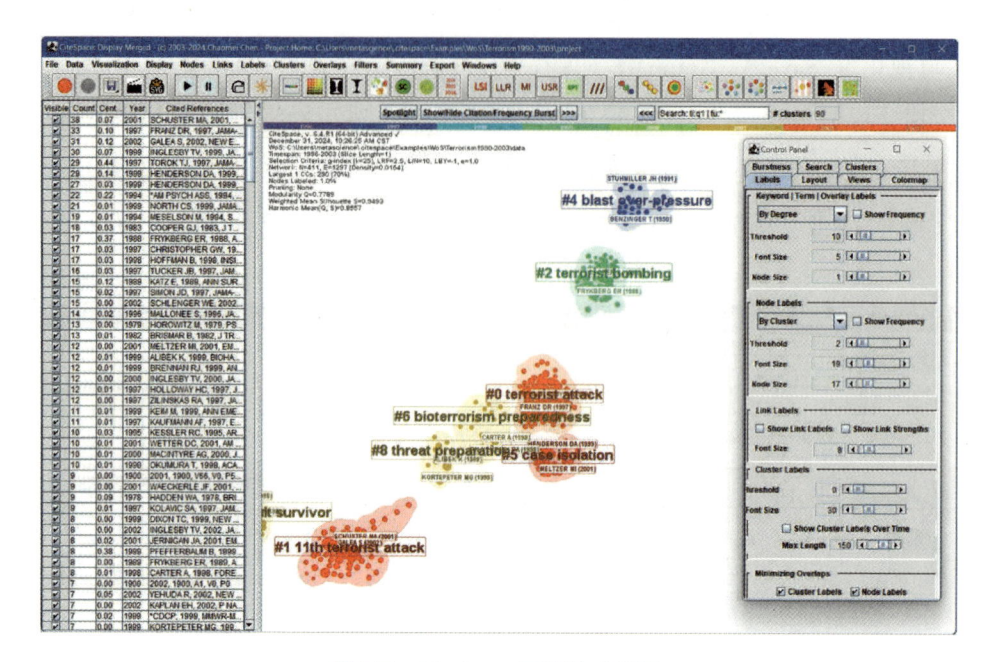

图2.7　CiteSpace可视化功能区

2.3.1　软件功能参数区

CiteSpace功能参数区是对数据计算参数设置的重点区域，用户对该区域需要有深刻的认识，这是保证后续分析结果可靠性和准确性的基础。

2.3.1.1　功能参数区菜单栏

功能参数区的菜单栏包含File（文件）、Projects（项目）、Data（数据）、Visualization（可视化）、Geographical（地理化可视化）、Overlay Maps（期刊双图叠加）、Analytics（分析）、Network（网络）、Text（文本）、Preferences（偏好）、Tutorials（教程）以及Help（帮助）。下面对各个菜单的主要功能做进一步介绍：

File（文件）菜单可以实现对文件的基本处理，主要包含Open Logfile（打开登录文件）、Save Current Parameters（保存当前项目参数）、Remove Alias

（移除已经建立的词集）以及Exit（退出软件），如图2.8所示。

Projects（项目）中可以下载CiteSpace内置的案例数据（例如：Scopus、CNKI以及CSSCI等），还可以实现Project Import Format（项目参数格式查看）、Import Projects（项目的导入）以及List Projects（项目信息的清单）功能，如图2.9所示。

图2.8　File菜单　　　图2.9　Projects菜单

Data（数据）主要用于数据的预处理，其中包含了数据的MySQL管理、各种数据库数据格式的转换等功能。

Visualization（可视化）主要用来打开所得到的可视化文件，包含Open Saved Visualization和Open Slice Image File。

Geographical（地理化）主要用于对文献数据进行科研合作网络的地理可视化分析，如图2.10所示。

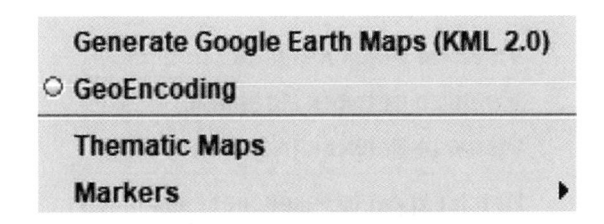

图2.10　Geographical菜单

Overlay Map（图层叠加）用来实现期刊的双图叠加分析。

Analytical（分析）主要包含COA-Coauthorship Network（作者合作分析）、ACA-Author Co-Citation Analysis（作者的共被引分析）、DCA-Document Co-Citation Analysis（文献的共被引分析）、JCA-Journal Co-Citation Analysis（期刊的共被引分析）以及Structural Variation Analysis（SVA）（结构变异分析）等功能，如图2.11所示。

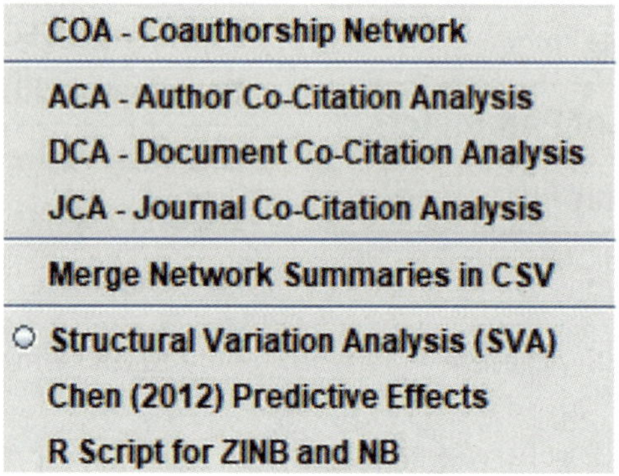

```
COA - Coauthorship Network
ACA - Author Co-Citation Analysis
DCA - Document Co-Citation Analysis
JCA - Journal Co-Citation Analysis
Merge Network Summaries in CSV
○ Structural Variation Analysis (SVA)
Chen (2012) Predictive Effects
R Script for ZINB and NB
```

图2.11　Analytical菜单

Network（网络）主要用于对网络文件进行可视化，如图2.12所示。其中包含了对.net、GraphML以及Adjacency List文件的可视化。此外，Batch Export to Pajek.net Files可生成一组时间序列pajek.net文件。在生成时序网络文件后，软件会自动打开MapEquation在线平台，以进一步进行"桑基图"的绘制。

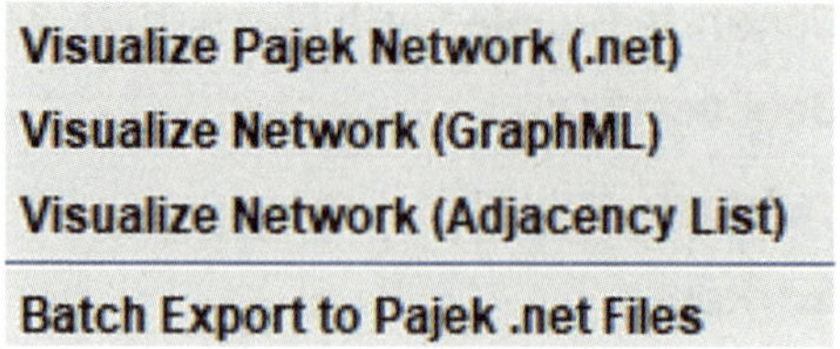

```
Visualize Pajek Network (.net)
Visualize Network (GraphML)
Visualize Network (Adjacency List)
Batch Export to Pajek .net Files
```

图2.12　Network菜单

Text（文本）主要用于对文本文件的处理和分析，如Build Concept/Predicate Trees（概念树+谓词树）、Extract Terms from a FullText File（全文本主题挖掘）、Plot Information Entropy（绘制信息熵图）以及Latent Semantic Analysis（潜在语义分析）等功能（图2.13）。Text模块的功能是独立于网络可视化窗口的，用户选择该功能后，通常会进入新的分析界面。

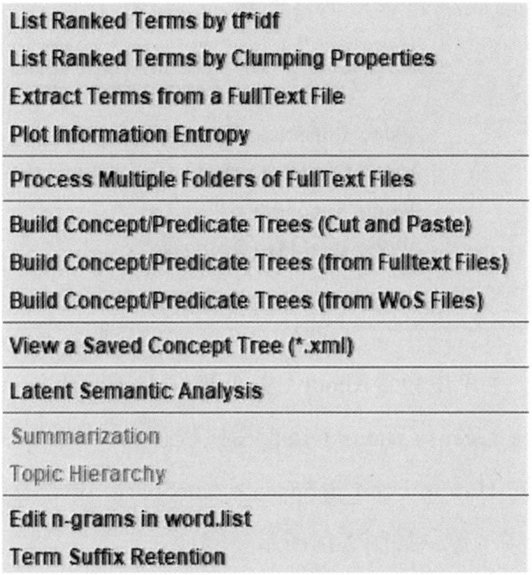

```
List Ranked Terms by tf*idf
List Ranked Terms by Clumping Properties
Extract Terms from a FullText File
Plot Information Entropy
Process Multiple Folders of FullText Files
Build Concept/Predicate Trees (Cut and Paste)
Build Concept/Predicate Trees (from Fulltext Files)
Build Concept/Predicate Trees (from WoS Files)
View a Saved Concept Tree (*.xml)
Latent Semantic Analysis
Summarization
Topic Hierarchy
Edit n-grams in word.list
Term Suffix Retention
```

图2.13　Text菜单

Preferences（偏好）是对用户使用软件的偏好设置，如图2.14所示。其中，Chinese Encoding for CNKI or CSSCI表示对CNKI和CSSCI中文数据分析的编码；Defer the Calculations of Centrality为中介中心性的推迟计算设置。在网络中节点超过750时，软件将默认关闭节点中介中心性的计算功能。因此，在数据分析中，用户需要选择Nodes→Compute Centrality来计算节点中介中心性。用户也可以在该界面下重新设置计算中介中心性的节点的阈值；此外，Show/Mute Visualization Window表示数据运行后是否显示可视化窗口，Enable/Disable Beep表示启用/禁用软件的提示音。

Tutorials（教程）菜单中提供了学习CiteSpace的入门视频，包含Collecting

Data（WoS数据采集教程）、Getting Started（软件入门视频）、Scopus（RIS格式的数据分析）以及Dual-Map Overlays（期刊的双图叠加分析），如图2.15所示。

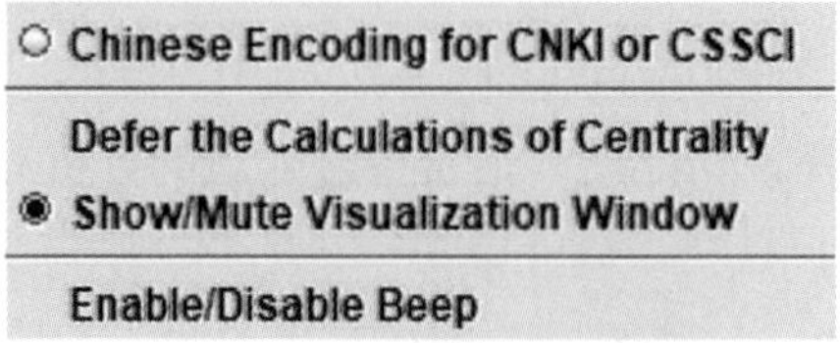

图2.14　Preferences菜单

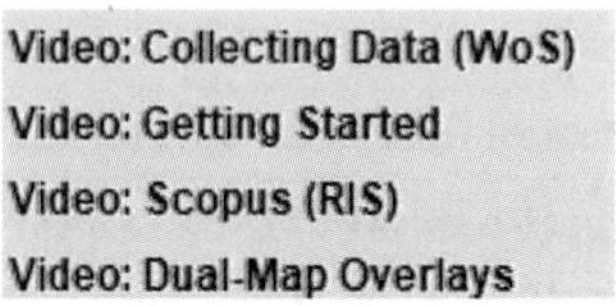

图2.15　Tutorials菜单

Help（帮助）菜单中包含About（关于软件）、Check Version Status（检查版本状态）、Check License Status（检查授权状态）、What's New（更新笔记）、FAQ（常见问题）、How to Use CiteSpace + CiteSpace Advanced（电子指南）以及Video（学习视频）等，如图2.16所示。

图2.16　Help菜单

2.3.1.2 功能参数区域的功能模块

功能参数区菜单栏下方的区域主要包含了Projects模块、Time Slicing模块、Text Processing模块、Network Configuration模块、Pruning模块、Visualization模块、Space Status模块以及Process Report模块。下面介绍各个模块的详细功能：

（1）Projects模块。该模块主要用于对项目进行管理，分别为New（建立新项目）、Edit Properties（编辑项目）和Remove（删除）模块，如图2.17所示。

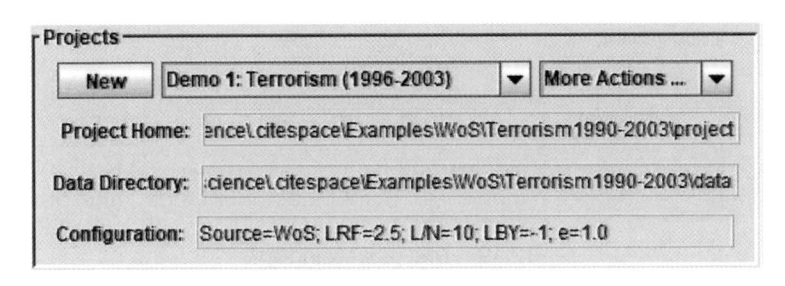

图2.17　Projects模块

（2）Time Slicing模块。该模块主要用于对待分析的数据进行时区分割（图2.18）。例如，当文献数据的时间区间为2001—2010年，按照每一年一切分，就有10个分段；如果按照每两年一切分，就有5个分段。CiteSpace还提供了按照月份来切分数据的功能，该功能主要来处理短期内某一研究发表过度集中的问题（例如：新型冠状病毒、生成式人工智能等在短期内急剧增长的话题）。

图2.18　Time Slicing模块

（3）Text Processing模块。Text Processing（文本处理）模块主要包含Term Source（文本源）和Term Type（文本类型）两项选择，如图2.19所示。Term

Source用于选择Term提取的位置，包含Title（标题）、Abstract（摘要）、Author Keywords（作者关键词）以及Keywords Plus（WoS补充关键词）。Term Type表示对术语类型的选择。在构建基于Terms的共词网络时，首先要选择Noun Phrase来提取名词性术语，然后选择Node Types中的Terms来构建共词网络。此外，在Text Processing中，也可以对术语的突发性（Burst Detection）和熵值（Entropy）进行变化分析（Shannon，1948）。例如，如图2.20所示的国际恐怖主义主题的信息熵变化曲线，就明显捕捉到了两次突发恐怖主义事件所引起的剧烈熵增。

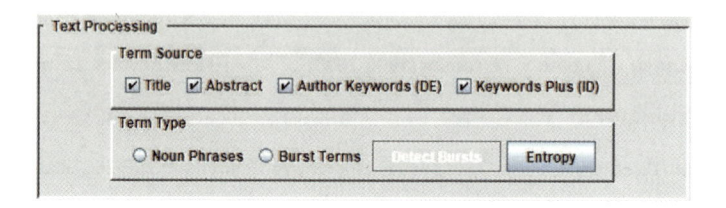

图2.19 Text processing模块

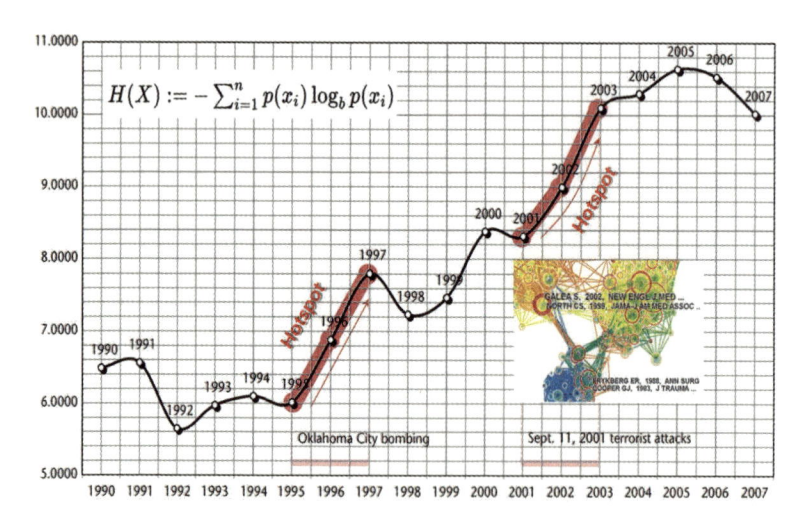

图2.20 恐怖主义研究的信息熵变化（Chen，2008）

（4）Network Configuration模块。该模块是对网络分析参数的设置，包含Node Types（网络类型）、Links（网络节点关联强度）以及Selection Criteria

（提取节点的准则或阈值），如图2.21所示。

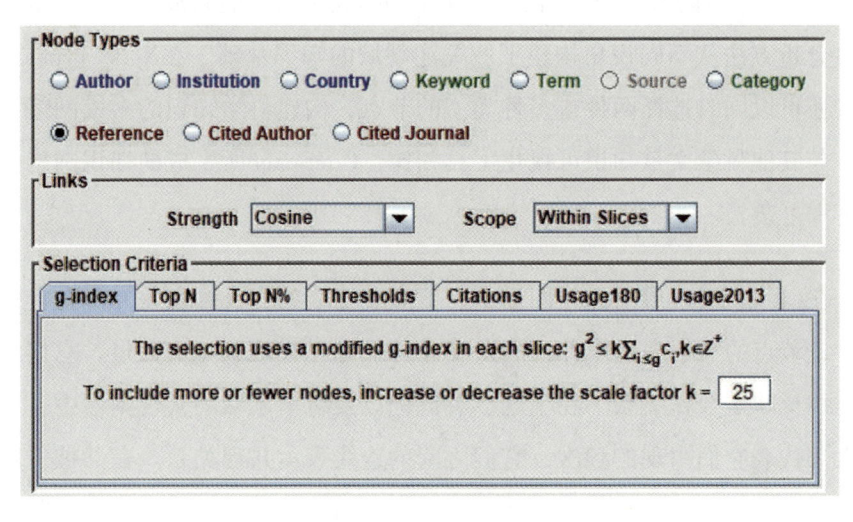

图2.21 网络配置模块

下面进一步对CiteSpace网络配置模块的详细功能介绍如下：

①CiteSpace中的知识网络类型。

Node Types（节点类型）模块提供了10种节点类型，包含Author（作者）、Institution（机构）、Country（国家/地区）、Keyword（关键词）、Term（术语）、Source（施引期刊）、Category（领域）、Reference（被引文献）、Cited Author（被引作者）以及Cited Journal（被引期刊）。其中，Author（作者）、Institution（机构）以及Country（国家/地区）可以用来构建科研合作网络（Collaboration Network）。如前文所述，CiteSpace允许用户同时选择多类节点。例如，在Node Types中可以同时选中Author和Institution，这样就可以构建作者和机构的混合网络。Term表示术语的共现分析功能，可以对从施引文献的标题、摘要、关键词和索引词中提取的名词性术语进行共现分析；Keyword是对关键词共现的分析（默认既包含作者关键词，也包含补充关键词）。Term和Keyword是两种不同的共词分析方法（Co-words），在实际使用中要注意选择。Category是对科学领域的共现分析（Category co-occurrence），有助于用户了解所关注研究主题在科学领域中的分布情况。Reference表示文献的共被引分析、Cited Author表示作者的共被引分析、Cited Journal表示期刊的共被引分析，这些共被引分析方法从不同视角构建了所关注领域的知识基础。在Node Types选项中，还可以同时选择两种或多种类型的节点，构建科学知识的多模网络。因此，与其他科学文献知识可视化工具相比，CiteSpace所生成的知识网络更加丰富和复杂。

在CiteSpace生成的各类图谱中，节点和连线的含义存在差异。在合作图谱中，节点的大小表示作者、机构或者国家/地区发表的论文数量，它们之间的连线反映了合作关系。在主题、关键词以及科学领域的共现图谱中，节点的大小代表它们出现的频次，它们之间的连线表示共现关系。在共被引图谱中，节点的大小表示文献、作者或期刊被引的次数，他们之间的连线则表示共被引关系。

②CiteSpace中知识单元的关系强度。

Links参数主要用来设置和计算网络节点之间的关联强度。在CiteSpace中，主要提供了Cosine、Jaccard以及Dice方法用于计算关联强度，其中，Cosine为软件默认的方法。至于哪一种标准化方法更好，业界尚未达成一致。例如，在VOSviewer中，将关联强度（Association Strength）作为矩阵默认的标准化方法，且不提供Cosine等其他标准化方法的选项。CiteSpace中三种关联强度的计算方法如下：

Cosine算法：

$$\text{Cosine}(c_{ij}, s_i, s_j) = \frac{c_{ij}}{\sqrt{s_i s_j}}$$

Jaccard算法：

$$\text{Jaccard}(c_{ij}, s_i, s_j) = \frac{c_{ij}}{s_i + s_j - c_{ij}}$$

Dice算法：

$$\text{Dice}(c_{ij}, s_i, s_j) = \frac{2c_{ij}}{s_i + s_j}$$

通过标准化后的数值都在0到1之间。其中，c_{ij}为i和j的共现次数，s_i为i出现的频次，s_j为j出现的频次。

在数据分析中，可以将这些相似性算法用于Within slices（时间切片内）或Across slices（时间切片之间）。在CiteSpace中默认的Scope选项为Within slices。

③CiteSpace数据筛选阈值的设定方法。

Selection Criteria模块主要用来设定各个时间切片内所提取知识单元的数量，CiteSpace中的数据筛选阈值方法依次为g-index、Top N、Top N%、Thresholds、Citations、Usage 180以及Usage 2013，如图2.22所示。

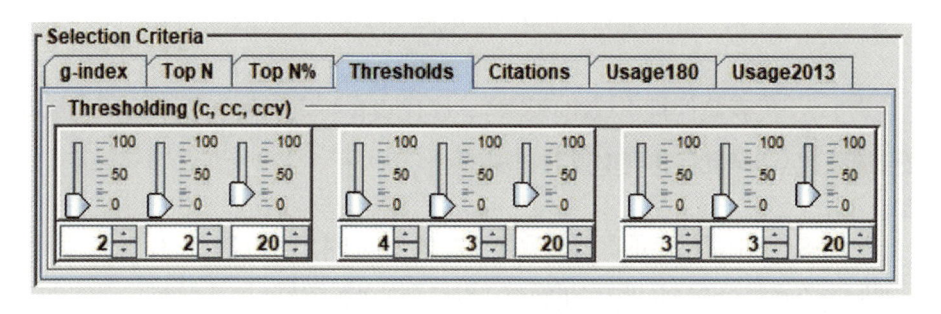

图2.22 Selection Criteria模块

g-index（Egghe，2006）是CiteSpace默认的知识单元阈值的计算方法。该方法通过引入规模因子k对原g指数的计算公式进行了修正，用来确定要提取的知识单元的阈值。经过修正的g指数计算公式如下：

$$g^2 \leq k\sum_{i\leq g} c_i, \ k \in Z^+$$

式中，k为规模因子。用户可以通过增加或减少规模因子，来获取更多或更少的节点。

Top N 的含义是提取每个时间切片内频次（出现频次或被引频次）排名前 N 的知识单元作为分析对象的方法。例如，在分析作者合作网络时，N 设定为 50 的含义就是提取每个时间切片内发文数排名前 50 的作者，包括并列前 50 位，所以提取的作者人数可能超出 50。对于 Top N 的设置，用户可以新建项目区域，通过 Top $N = \{n \mid f(n) \geq e\}$ 进行协同设置。类似地，对于 Top N% 而言，其含义是提取每个时间切片中频次（出现频次或被引频次）排名前 N% 的对象。Usage 180 表示根据近 180 天内文献被访问或保存的次数进行的文献筛选。U2013 则表示通过 2013 年至今文献被访问或保存的次数来筛选。

Thresholds 是 CiteSpace Ⅱ 最早使用的数据筛选方法，原理是通过设定前、中、后三个时间段知识单元的出现频次或被引频次（c）、共现频次或共被引频次（cc）以及共现率或共被引率（ccv）的数值来提取数据。即数据的起始、中间和结尾按照 c、cc 和 ccv 赋值，其余使用线性插值处理。ccv 与 c 和 cc 三者的关系如下：

$$ccv(i, j) = \frac{cc(i, j)}{\sqrt{c(i) \cdot c(j)}}$$

式中，c 代表最低被引或出现频次，cc 代表在特定时间切片中的共现或共被引的频次，ccv 表示共现率或共被引率。

在 CiteSpace 中，给定的默认参数为（2, 2, 20），（4, 3, 20），（3, 3, 20）。其中，ccv 是通过余弦方法得到的标准化数值，默认值为 0.2（软件显示为 20）。

在数据分析过程中，阈值的选择至关重要。由于每一位用户所使用数据的独特性（数据来源、时间分布、数据规模以及待分析的知识单元等存在差异），因此，通过 CiteSpace 提供的默认参数很可能不能直接得到满意的可视化结果。建议用户在处理自己的数据时，首先通过 CiteSpace 默认的参数得到初步的结果，然后以此结果作为分析的起点，进一步通过参数调优来提升分析结果的质量。

Citations 模块通过分析施引文献的引证分布来辅助筛选待分析的数据样本，如图 2.23 所示。使用 Citations 筛选文献数据的基本步骤为：选择

Citations→Use TC Filter→Check TC Distribution，得到施引文献的引证分布。其中，0-211表示待分析施引文献的被引频次最小为0，最高为211。在结果列表中，TC表示Time Cited，即总被引次数；Freq表示某一特定被引频次下施引文献的数量；Accum.%是指该频次下对应施引文献的累计百分比。在使用时，用户需要选中Use TC Filter，并输入待筛选文献的引文范围。例如，输入1-211，表示在本次的知识网络构建中仅仅纳入被引频次在1-211的施引文献进行分析。参数设置结束后，点击Continue继续阈值的设置和数据的分析。

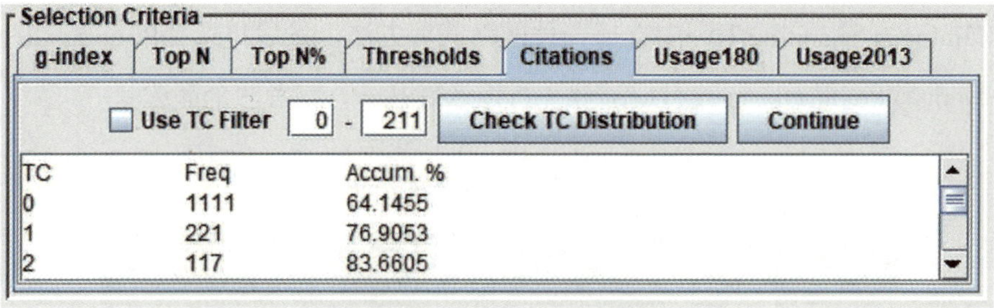

图2.23 Select Citers模块

（5）Pruning模块。该模块主要实现对知识网络的精简，如图2.24所示。在知识网络的构建分析中，一些场景下的知识网络往往会很密集（例如：术语的共现网络）。此时，用户就可以考虑使用网络精简功能来简化和突出网络的重要结构。在初步分析阶段，建议用户不要对网络进行裁剪，待得到初始的网络后再判断是否要进行裁剪。CiteSpace中包含了两种网络裁剪方法，即Minimum Spanning Tree（最小生成树）和Pathfinder（寻径网络）。需要注意的是，两种方法作用的对象都是网络中的连线，因此处理后网络中节点的数量不会发生变化，网络中连线的数量会有不同程度的减少。

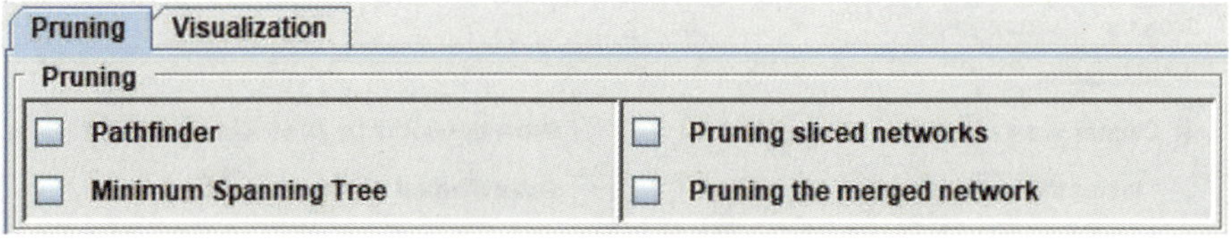

图2.24 Pruning模块

按照CiteSpace的设计，其处理的对象是一个网络序列，并在分析的最后综合成一个网络。那么，用户在进行网络裁剪时，既可以选择裁剪序列中的每个网络，也可以选择裁剪最终的综合网络。二者之间是相互独立且不相矛盾的，为用户在网络裁剪上提供了最大的灵活性（表2.1）。在CiteSpace中，这两种网络裁剪策略分别为Pruning sliced networks（对每个切片的网络进行裁剪）和Pruning the merged network（对综合后的网络进行裁剪）。在实际的应用中，建议优先使用Pruning the merged network方法。若直接使用Pruning sliced networks，可能会导致网络过于分散。在具体操作时，用户首先需要在Pathfinder和Minimum Spanning Tree中选择一种网络裁剪方法，然后再选择Pruning sliced networks或Pruning the merged network（可以选择其一，或者两个都选）。

表2.1　CiteSpace网络裁剪的方案

方案	裁剪方法	对切片网络裁剪	对综合网络裁剪
1	Pathfinder（寻径网络）	√	√
2		√	×
3		×	√
4	MST（最小生成树）	√	√
5		√	×
6		×	√

（6）Visualization模块。Visualization主要用于对可视化结果进行设置（图2.25）。默认为Cluster View-Static（聚类视图-静态）与Show Merged Network（显示整体网络）。此外，还可以选择Show Networks by Time Slices来显示各时间切片中的网络。

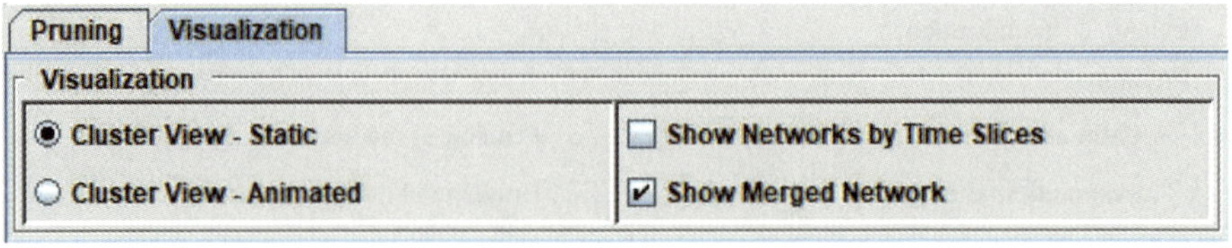

图2.25　Visualization模块

2 软件安装与软件功能
CiteSpace Installation and Functionality

（7）Space Status空间状态与Process Report过程报告模块。Space Status和Process Report是两个显示数据动态处理过程的区域，如图2.26所示。Space Status显示了根据设置的数据分析条件，所提取的节点和连线的分布情况。在图2.26呈现的分析结果中，第一列为切分之后时间段的分布情况，这里#Years per Slice设置为1，因此时间显示为1996、1997……2003；第二列是criteria，top 50表示从每个时间切片中提取频次排名前50的节点；第三列是Space，表示对应时间区间中节点的总数；第四列为Nodes，表示实际提取的节点数量；第五列Links/all表示实际提取的连线数量和连线的总数。在进行数据分析时，可以在Process Reports模块观察到数据实时的处理进度，并在数据分析结束后显示整体的计算结果（如数据的总数、有效参考文献和无效参考文献的数量及其占比、运行的时间、综合后网络的节点数量和连线数量）。

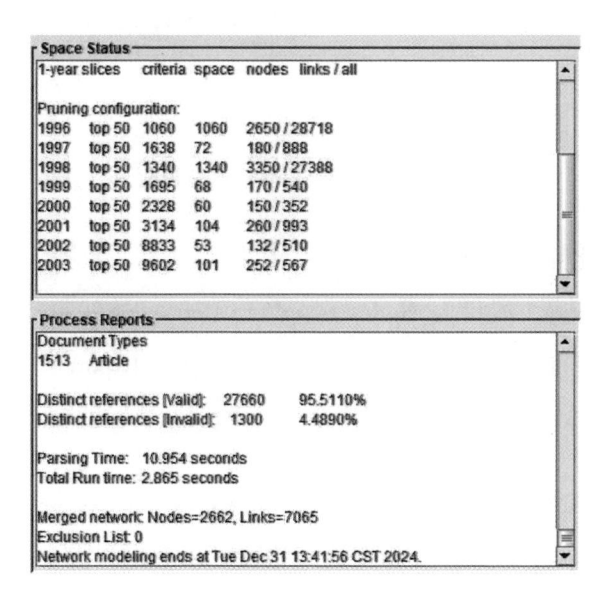

```
Space Status
1-year slices    criteria  space  nodes  links / all
Pruning configuration:
1996    top 50   1060    1060    2650 / 28718
1997    top 50   1638     72      180 / 888
1998    top 50   1340    1340    3350 / 27388
1999    top 50   1695     68      170 / 540
2000    top 50   2328     60      150 / 352
2001    top 50   3134    104      260 / 993
2002    top 50   8833     53      132 / 510
2003    top 50   9602    101      252 / 567

Process Reports
Document Types
1513   Article

Distinct references [Valid]:    27660    95.5110%
Distinct references [Invalid]:   1300     4.4890%

Parsing Time:   10.954 seconds
Total Run time: 2.865 seconds

Merged network: Nodes=2662, Links=7065
Exclusion List: 0
Network modeling ends at Tue Dec 31 13:41:56 CST 2024.
```

图2.26　Space Status和Process Report模块

最后，如果我们把CiteSpace比作一个可以对文献大数据进行拍照的相机，那么，该部分所涉及的参数设置就好比拍照前对相机的调节。用户要使用CiteSpace给自己关注的领域拍照，一方面要熟练掌握CiteSpace各种操作，另一方面也要提升对"科学图谱"的鉴赏能力。

39

2.3.2　可视化菜单功能

当功能参数区的数据处理结束后，软件会提示用户点击Visualize，进入CiteSpace的可视化界面（图2.27）。

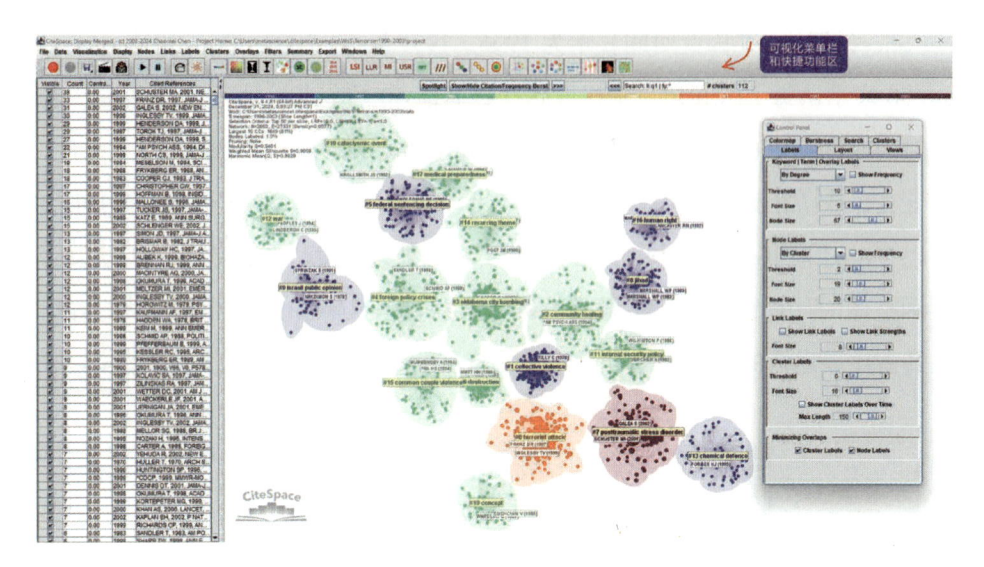

图2.27　CiteSpace的可视化界面

网络可视化界面的菜单栏有File（文件）、Data（数据）、Visualization（可视化）、Display（展示）、Nodes（节点）、Links（连线）、Labels（标签）、Clusters（聚类）、Filters（过滤）、Summary（总结）、Export（导出）、Windows（窗口）以及Help（帮助），下面对各个菜单中所包含的功能介绍如下：

（1）File的主要功能有Save the Network to File（.net）（将可视化结果保存为net文件）、Export as a Website（将可视化结果导出为网页形式）、Save As PNG（将结果保存为PNG格式）、Save As SVG（将结果保存为SVG格式）以及Exit（退出），如图2.28所示。

（2）Data菜单主要用来处理CrossRef数据，包含Set CrossRef Sleep Time（设置CrossRef休眠时间）和Import Titles from CrossRef（从CrossRef导入标题）。

2 软件安装与软件功能
CiteSpace Installation and Functionality

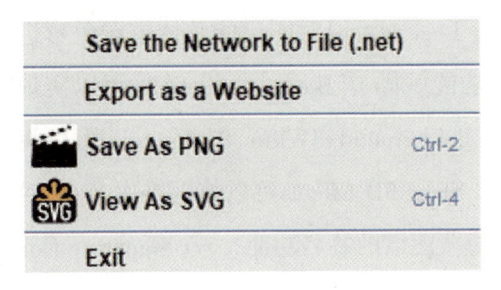

图2.28 File菜单

（3）Visualization菜单主要用于对网络布局的切换，如图2.29所示。在该菜单中，Start可以重启对网络的布局，Stop用来终止对网络的布局。Graph Views（图可视化）主要提供了Cluster View（聚类视图）、Circular View 1（圆形视图1）、Circular View 2（圆形视图2）、Timeline Views（时间线视图）、Time zone View（时区图）以及Landscape View（山峦图）等可视化类型。Open Visualization和Save Visualization用来打开或保存所得到的可视化结果。此外，还提供了Concept Tree（概念树）、Layout Algorithm（布局算法）以及Set Max Iterations（设置迭代次数）等功能。

图2.29 Visualization菜单

（4）Display的功能是对图形颜色、签名和时间线视图的调整，如图2.30

所示。在该菜单中，Legend可以对图谱的整体主题色彩进行配置（与Control Panel中的Colormap功能一样）。Background Color可以实现对可视化画布背景颜色的设置，Black Background和White Background可以将可视化画布的颜色设置为黑色或白色。Show 3D Effects可以将网络中节点转换为3D样式；Show Signature表示显示/隐藏图谱的签名功能；Set Signature Color为设置签名颜色，Show Legend Bar表示显示/隐藏图例；Show Citation Frequency为显示/隐藏节点的频次标签；Circular View中包含Set the Width和Set the Height，表示在圆形视图中对圆的横轴或纵轴长度的设置；Predefined Styles中Classic表示可以将图谱设置为经典配置模式。

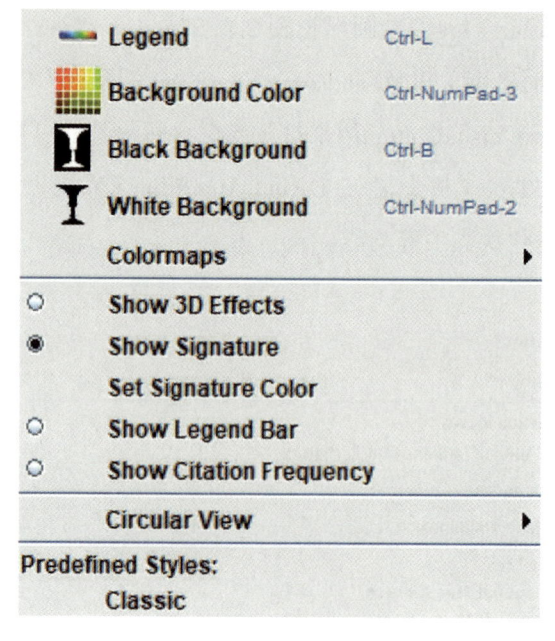

图2.30　Display菜单

（5）Nodes对节点相关信息的编辑，如图2.31所示。在该菜单中，Shape and Size表示对节点形状和大小的调整，其中Node Shape: Keywords and Terms可以实现对主题网络中节点形状的调整，主要包含菱形（Diamond）、圆形（Circle）以及方形（Square）。Color主要包含Node Fill Color（对节点填充颜色）和Node Outline Color（节点边框颜色）；Visual Encoding中提供了使用节点的不同测度指标来显示节点的形式，包含Cluster Membership（聚类形式）、Tree Ring History（年轮形式）、Centrality（中介中心性）、Eigenvector Centrality（特征向量中心性）、Sigma、PageRank Scores（PR值）、WOS TC（WoS中总被引次数）、WOS U1（最近180天的使用情况）以及WOS U2（2013年至今使用的情况）等。Clear all Bookmarks表示清除所有标记过的节点，Compute Node Centrality表示计算节点的中介中心性。

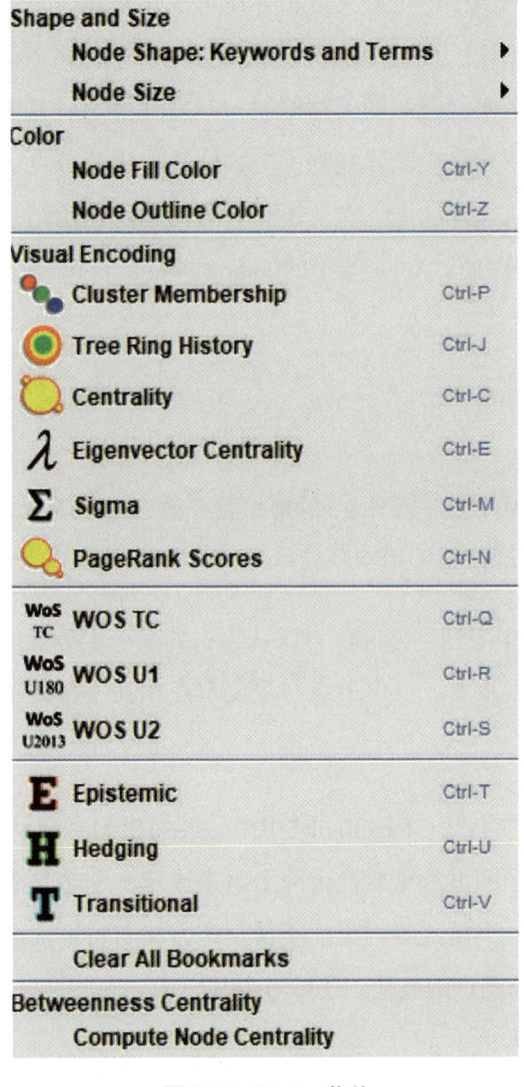

图2.31 Nodes菜单

知识网络中节点重要性的测度是知识发现的重要手段，常见的测度节点重要性的指标有中介中心性、特征向量中心性、PageRank中心性、度中心性以及接近中心性等。下面对CiteSpace中常用的节点重要性测度指标介绍如下：

① 中介中心性。中介中心性是测度节点在网络中位置重要性的一个指标。从信息传输角度来看，中介中心性越高，节点在信息传输中的重要性也越高，移除这些点之后对网络信息传播的影响也越大。CiteSpace中使用该指标来测度和发现网络中的重要文献，并在可视化呈现时对中介中心性不小于0.1的文献使用紫圈进行了重点标记。在知识网络中，具有高中介中心性的文献可能是连接两个不同领域的关键枢纽，对发现科学研究中的范式转移有潜在的价值。在知识网络中实际起到了范式转移作用的节点也被称为科学研究中的转折点（Turning point）。在分析中，若网络的初始结果列表中的中介中心性为0，用户可以通过Nodes菜单的Compute Node Centrality计算中介中心性。其计算公式如下：

$$BC_i = \sum_{s \neq i \neq t} \frac{n_{st}^i}{g_{st}}$$

式中，g_{st}为从节点s到节点t的最短路径数，n_{st}^i为从节点s到节点t的g_{st}条最短路径中经过节点i的最短路径数。

② 特征向量中心性。该测度方法认为：如果一个节点的邻居很重要，那么该节点本身也很重要。一个节点与重要节点相互连接的越多，其特征向量中心性越高。

③ PageRank中心性。PageRank是由Google提出的对网页进行排序的算法。该算法认为，一个网页的重要性由两个因素决定：一个是指向该网页的其他网页的数量，另一个是这些网页的质量。该方法与特征向量中心性的思想类似，不仅要考虑周围点的数量，还要考虑其质量。

④ Sigma综合指数测度方法。Sigma指数（Σ）是陈超美结合节点中介中

心性（测度节点在网络结构上的重要性）和突发性（测度节点在时间上的重要性），提出的复合型的新指标，其计算公式为

$$Sigma = (centrality + 1)^{\wedge} burstness$$

（6）Links用来对网络中的连线进行调整和设置，如图2.32所示。

图2.32　Links菜单

❶Link Shape提供Straight line（直线）和Curved（曲线）两种连线样式，Link Width：Uniformed/Weighted是对网络中连线带权或不带权的显示控制。

❷Link Color表示对网络连线颜色的设置。其中，Solid Lines：Set Color表示实线颜色设置，Dashed Lines：Set Color表示点划线颜色设置，Link Transparency：0.0–1.0表示对网络连线透明度的调整。

❸Preset Single–Colored Link Styles表示对连线颜色的调整，包括Yellow–Green links（black）黄绿色的单色连线、Yellow–Brown Links（white）黄棕色的单色连线以及Restore Muti–Colored Links恢复预设的连线颜色。

❹Solid Lines：Show/Hide表示显示/隐藏实线，Dashed Lines：Show/Hide表示显示/隐藏点划线。

❺Link Labels：Show/Hide表示显示/隐藏连线标签，Link Raw Count：Show/Hide表示显示/隐藏原始的共现强度，Link Strengths：Show/Hide表示显示/隐藏标准化后的共现强度。

（7）Labels用于对节点标签进行调整，如图2.33所示。

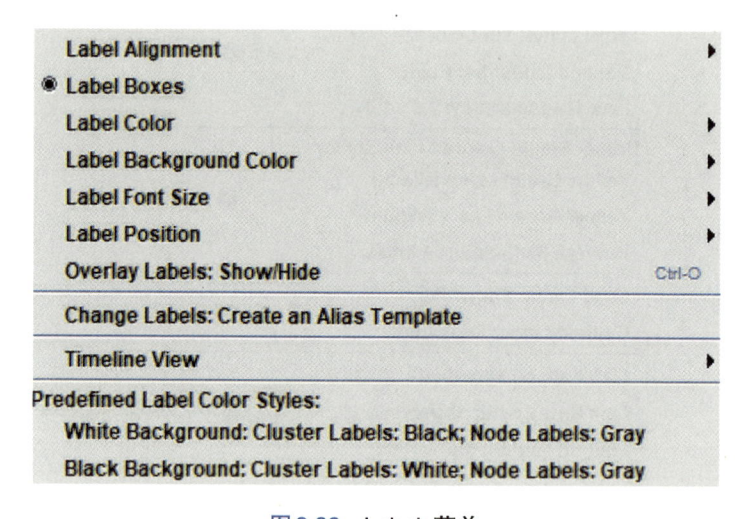

图2.33　Labels菜单

① 标签位置和边框的调整功能。Label Alignment为标签对齐功能，主要包含Nodes Labels：Center default（标签默认位于节点的中心）；Label Position中的Node Labels：Minimize Overlaps和Cluster Labels：Minimize Overlaps分别用来调节节点标签和聚类标签的位置，以避免标签由于相互覆盖而导致信息遮挡。Label Boxes是对节点标签边框的设置。

② 标签颜色的调整功能。Label Color是对标签颜色的调整，包含了Article Labels（论文标签）、Term Labels（术语标签）、Overlay Labels（叠加图层标签）以及Cluster Labels（聚类标签）等等；Label Outline是对标签文字边框颜色的设置；Label Background Color是对Article（论文）、Term（术语）、Cluster

(聚类)以及Overlay Label(叠加图标签)背景颜色的调整。

③ 标签大小与显示的设置功能。Label Font Size是对标签大小的设置,包含了Node:Uniformed/Proportional(节点标签的设置)和Cluster:Uniformed/Proportional(聚类标签的设置);Overlay labels:Show/Hide,用于显示/隐藏叠加网络的标签。

④ 标签消歧文件与时间线标签角度的设置功能。Change Labels:create an Alias Template用于辅助用户快速生成消歧模板文件;Timeline View表示对时间线视图中标签角度的调整,包含了Text Rotate 60 Degree、Text Rotate 45 Degrees、Text Rotate 30 Degrees、Text Rotate 15 Degrees以及Text Rotate 0 Degree;Predefined Label color Styles表示预设的标签颜色。

(8)Clusters菜单是对图谱聚类信息的调整,如图2.34所示。

① 聚类及可视化设置。Find Cluster表示对当前网络进行聚类分析,聚类分析后将得到两种用户衡量聚类质量的指标,分别为Modularity和Silhouette,对它们的具体解释如下:

Modularity(模块化)是一种用于评估网络模块化(或社区结构)质量的指标,由Newman等在2004年提出。它衡量的是网络中节点的聚类(社区)划分是否显著优于随机划分(Newman et al., 2004, 2006)。模块化Q的计算公式如下:

$$Q = \frac{1}{2m}\sum_{i,j}(a_{ij} - p_{ij})\,\sigma(C_i,\ C_j)$$

式中,$A=[a_{ij}]$表示实际网络的邻接矩阵;p_{ij}表示零模型(null model)中节点i与节点j之间连接的期望值;C_i和C_j分别表示节点i和节点j在网络中所属的社区;若i与j属于同一个社区,则$\sigma(C_i,\ C_j)=1$,否则$\sigma(C_i,\ C_j)=0$。

Q的取值区间为[0,1],Q>0.3时就意味着得到的社团结构是显著的。

```
Find Clusters                                    Ctrl-C
    Visual Encoding: Advanced Settings          ①  ▶
Cluster Labels
    Cluster Labels: Extraction                       ▶
    Cluster Labels: Display                     ②  ▶
GPT Show GPT Defined Labels                         ▶
Layout Optimization
    Optimize Layout
○   Cluster Move Mode                           ③
    Undo Layout Changes
Cluster Exploration
    Summary Table | Whitelists
    Save Cluster Information
    Cluster Explorer                            ④
○   Show Cluster Dependencies
    Show Top K% Cluster Dependency Paths
    Concept Tree of Citation Contexts (MA)
Level of Detail
    Show Clusters By IDs
    Show the Largest K Clusters
    Set the Smallest Size of a Cluster to Show  ⑤
○   Filter Out Small Clusters
○   Show Convex Hull
    Find Clusters' k-Cores
○   Show Clusters' k-Cores
    Clusters' k-Cores: Background Color (Cluster)
    Clusters' k-Cores: Highlight k >= m         ⑥
    Clusters' k-Cores: Maximum Layers
●   Concave Hulls: Set Default Calculation
    Concave Hulls: Maximum Iterations
    List Top Ranked Terms per Cluster by LSA         ▶
    View Similarity Networks of Citing Terms (VSM)
    View Citing Networks to Clusters (LSA)
    Expectation Maximization (EM)               ⑦
    Set the Maximum Number of LSI Terms to display
    Set the Maximum Number of LLR Terms to display
    Summarize a Single Cluster
    Set Citation Threshold
    Select Cluster-Summarizing Sentences
```

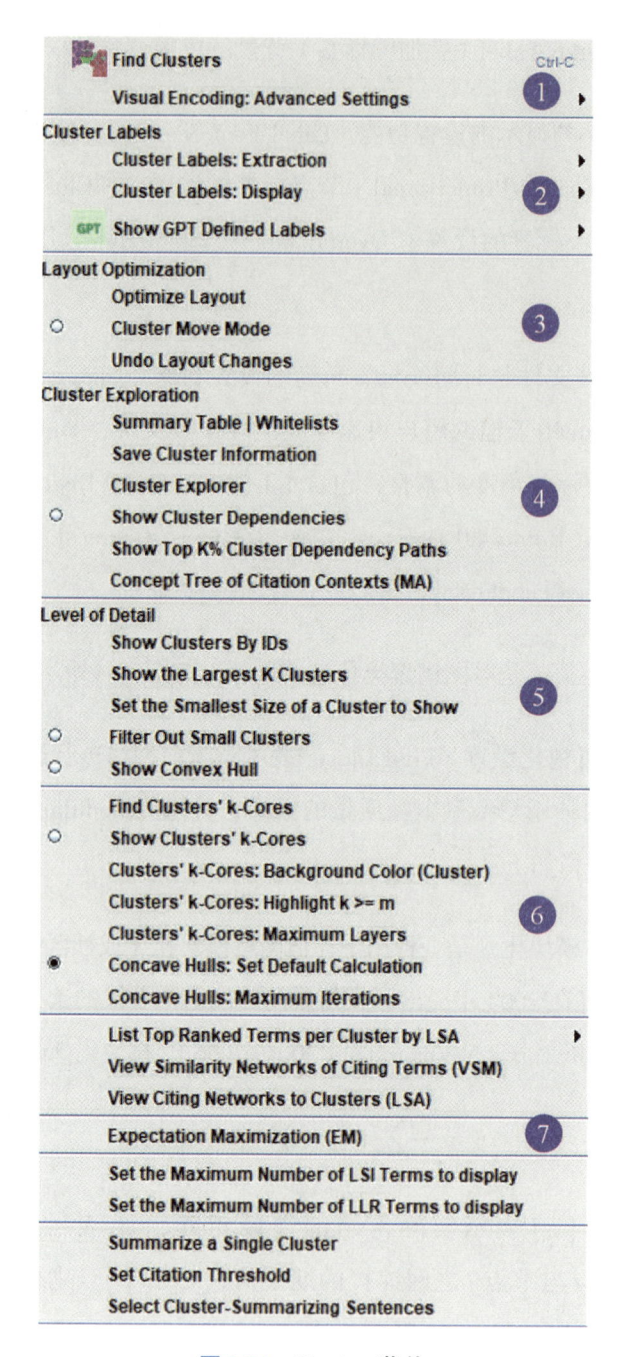

图2.34 Clusters菜单

轮廓系数（Silhouette）用来衡量科学知识网络的同质性，Silhouette值越接近1，说明网络的同质性越高。当Silhouette值达到0.7时，通常认为聚类结果具有较高的可信度。当Silhouette值大于0.5时，通常认为聚类效果较好。但需要注意的是，如果聚类内部的文献较少，分析结果的可信度可能会降低（Rousseeuw，1987）：

$$s(i) = \begin{cases} 1-a(i)/b(i), & \text{若 } a(i) < b(i) \\ 0, & \text{若 } a(i) = b(i) \\ b(i)/a(i)-1, & \text{若 } a(i) > b(i) \end{cases}$$

式中，$s(i)$ 轮廓值的取值范围为 $-1 \leqslant s(i) \leqslant 1$。上式也可以改写为：

$$s(i) = \frac{b(i) - a(i)}{\max\{a(i), b(i)\}}$$

式中，$a(i)$ 表示点 i 与其所在簇内其他样本点的平均距离；$b(i)$ 表示样本 i 到最近的其他簇 C_k 内所有样本点的平均距离，其中 $C_k \neq C_i$。

Visual Encoding：Advanced Settings表示对聚类信息的高级设置（图2.35）。

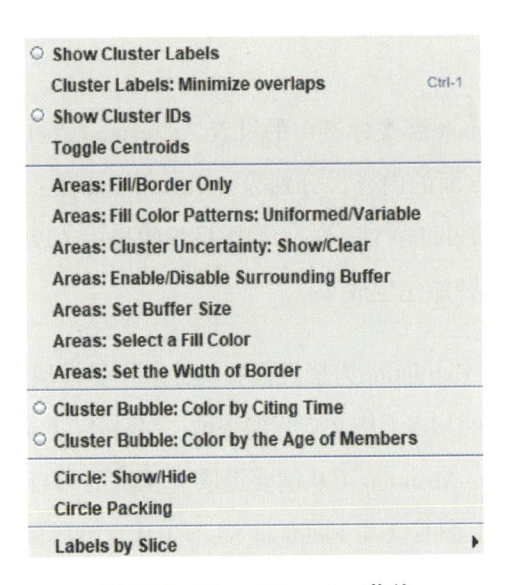

图2.35 Visual Encoding菜单

进一步对该菜单中所包含的功能介绍如下：

● Show Cluster Labels显示/隐藏聚类标签功能。Cluster Labels：Minimize

overlaps聚类标签的防覆盖调整；Show cluster IDs显示聚类的编号信息；Toggle Centroids切换质心。

● Areas聚类区域调整功能。包含Areas：Fill/Border Only（填充或仅显示聚类边框）、Areas：Fill Color Patterns：Uniformed/Variable（聚类统一/变化填充）、Areas：Enable/Disable Surrounding Buffer（启用/禁用周边缓冲区）、Areas：Set Buffer Size（设置缓冲区大小）、Areas：Select a Fill Color（选择填充颜色）以及Areas：Set the Width of Border（设置边框宽度）。

● Cluster Bubble（对节点和背景颜色的填充）。该区域有两个选项，分别为Cluster Bubble：Color by citing Time（按照施引文献的时间进行填充）和Cluster Bubble：Color by the Age of Members（按照被引文献的时间进行填充）。

● Circle：Show/Hide和Circle Packing，以圆形对聚类网络或聚类整体信息进行可视化展示。

② Cluster Labels（聚类标签）的设置。Cluster Labels用来对聚类标签进行设置，共包含三方面的内容，分别为：Cluster Labels：Extraction（聚类标签的提取）、Cluster Labels：Display（聚类标签的显示）以及Show GPT Defined Labels（聚类标签的智能化生成）。

Cluster Labels：Extraction为聚类标签的提取设置模块（图2.36）。该模块中提供了Label：Use Titles（从文献标题提取）、Label：Use Keywords（从关键词提取）、Label：Use Abstracts（从摘要提取）、Label：T+K+A（从标题、摘要以及关键词提取）、Label：Use Fields of Study（从文献所属领域提取）、Label：Use Reference Titles（从文献的参考文献标题提取）以及Label Clusters Year by Year（聚类标签的逐年显示）等。

Cluster Labels：Display的功能为聚类标签算法选择和结果显示（图2.37）。

主要有Label Clusters by LSI Terms（潜语义算法）、Log-likelihood Ratio（对数极大似然率）以及Mutual information（互信息）等标签提取方法。提取聚类标签后，用户可以选择LSI、LLR、MI或Show all labels来显示聚类标签。此外，用户还可以通过Show User Defined Labels来加载自定义的聚类标签。

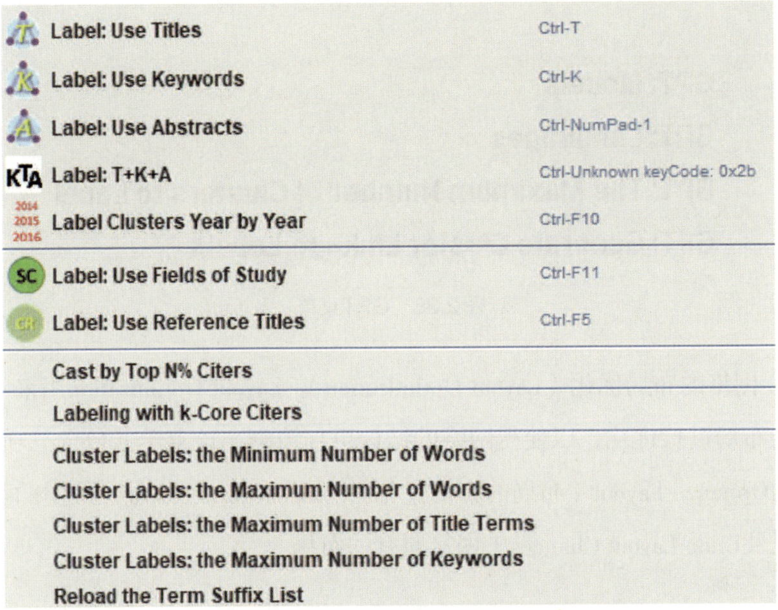

	Label: Use Titles	Ctrl-T
	Label: Use Keywords	Ctrl-K
	Label: Use Abstracts	Ctrl-NumPad-1
	Label: T+K+A	Ctrl-Unknown keyCode: 0x2b
	Label Clusters Year by Year	Ctrl-F10
	Label: Use Fields of Study	Ctrl-F11
	Label: Use Reference Titles	Ctrl-F5
	Cast by Top N% Citers	
	Labeling with k-Core Citers	
	Cluster Labels: the Minimum Number of Words	
	Cluster Labels: the Maximum Number of Words	
	Cluster Labels: the Maximum Number of Title Terms	
	Cluster Labels: the Maximum Number of Keywords	
	Reload the Term Suffix List	

图2.36　Cluster Labels：Extraction菜单

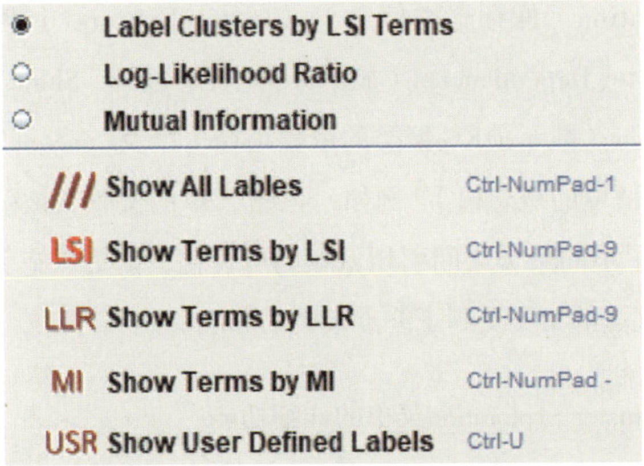

●	Label Clusters by LSI Terms	
○	Log-Likelihood Ratio	
○	Mutual Information	
///	Show All Lables	Ctrl-NumPad-1
LSI	Show Terms by LSI	Ctrl-NumPad-9
LLR	Show Terms by LLR	Ctrl-NumPad-9
MI	Show Terms by MI	Ctrl-NumPad -
USR	Show User Defined Labels	Ctrl-U

图2.37　Cluster Labels：Display菜单

Show GPT Defined Labels主要用来实现聚类标签的智能化生成。该菜单中包含了GPT：Models（模型选择）、GPT：Languages（输出语言选择）、GPT：The Maximum Number of Clusters to Label（所标记的最大聚类数量）以及GPT：Generate Cluster Linkage Labels（生成聚类链接标签），如图2.38所示。使用该选项时，用户首先需要获取ChatGPT的API。

```
GPT: Models                                              ▶
GPT: Languages                                           ▶
GPT: The Maximum Number of Clusters to Label
○ GPT: Generate Cluster Linkage Labels
```

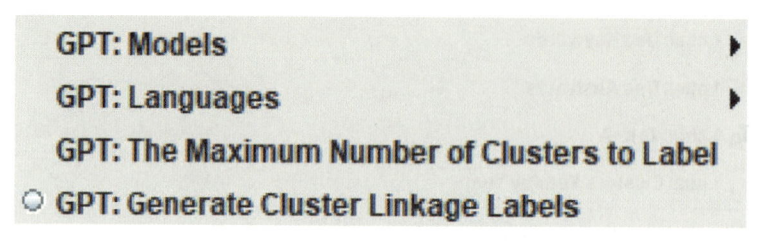

图2.38　GPT菜单

③ 网络的布局优化（Layout Optimization）。Layout Optimization用来对当前网络的布局进行优化，以使得网络的结构更加清晰。该菜单共包含三项功能，依次为Optimize Layout（布局的自动优化）、Cluster Move Mode（聚类的移动模式）以及Undo Layout Changes（恢复原有的布局）。

④ 聚类的探索性分析（Cluster Exploration）。Cluster Exploration（聚类的探索性分析）主要包括Summary Table |Whitelists（聚类信息列表）、Save Cluster information（保存聚类信息）、Cluster Explorer（聚类的探索性分析）、Show Cluster Dependencies（显示聚类依赖关系）、Show Top K% Cluster Dependency Paths（显示前K%聚类的依赖路径）以及Concept Tree of Citation Contexts（引用情境的概念树）。例如，在图2.39的文献共被引网络中，通过CiteSpace实现了不同聚类之间引用依赖的可视化，箭头从施引聚类指向了被引聚类，表明起点的聚类受到了终点聚类的影响。

下面介绍Cluster Exploration菜单的详细功能：

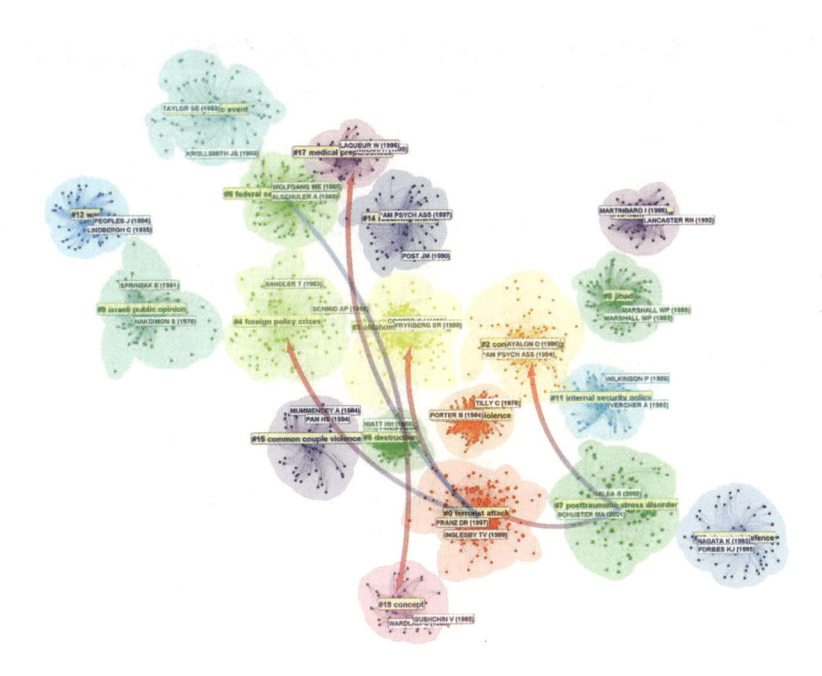

图2.39　聚类引证依赖的可视化

Summary Table|Whitelists用来展示聚类标签的详细列表（图2.40）。其中，Cluster ID为聚类的编号，在可视化结果中显示为0#，1#，……，#n。聚类的规模越大（即聚类中所包含的成员数量越多），则编号越小。Size代表聚类中所包含的节点数量，例如在文献的共被引网络中，Size表示对应聚类中所包含的文献数量。Silhouette（轮廓值）用来衡量聚类内部成员的同质性，该数值越大，则代表该聚类内部成员的相似性越高。Mean（Year）代表聚类内文献的平均出版年，用以辅助判断聚类所在方向的新颖性。此外，在该聚类分析列表中，还列出了通过LSI、LLR以及MI算法提取的聚类标签。

Save Cluster information用来保存聚类信息，Cluster Explorer为聚类信息的互动分析。Cluster Explorer中包含了Clusters（聚类信息查询）、Citing Articles（施引文献）、Cited Reference（被引文献）以及Summary Sentences（总结句）四个窗口，如图2.41所示。通过该功能，用户可以对文献的共被引网络有一个立体化的认识。需要注意的是，在使用Cluster Explorer之前，要执行Save Cluster information保存聚类信息。

图2.40　聚类结果的总结表

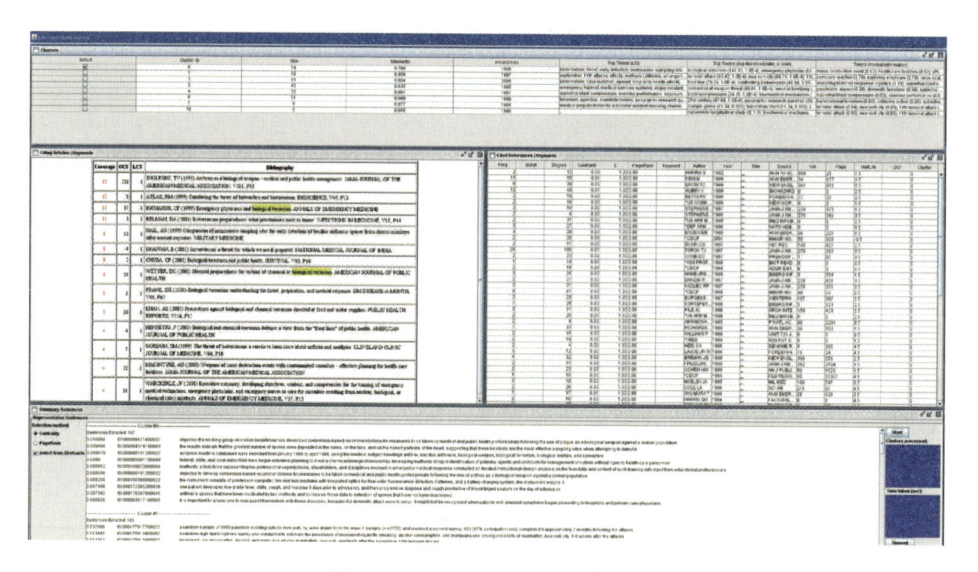

图2.41　Cluster Explorer界面

⑤ 聚类显示的设置（Level of Detail）。Level of Detail是对聚类细节的处理功能，主要包含Show Clusters By IDs（按照ID来显示聚类）、Show the Largest K Clusters（按照聚类规模来显示聚类）、Set the Smallest Size of a Cluster to Show（根

据最小聚类规模来显示聚类）、Filter Out Small Clusters（过滤小规模聚类）以及Show Convex Hull（显示聚类凸包）。

⑥ 聚类的k核设置。Find clusters'k-cores用来寻找聚类的k核。Show Clusters'k-Cores用来显示/隐藏k核的可视化；Clusters'k-Cores：Background Color（Cluster）对特定聚类的背景颜色进行修改；Clusters'k-Cores：Highlight k >= m用来突出显示k核大于或等于m的节点和连线。Clusters'k-Cores：Maximum Layers聚类的k核层数设置；Concave Hulls：Set Default Calculation设置凹包的默认计算方法；Concave Hulls：Maximum Iterations设置凹包的最大迭代次数。

⑦ 聚类标签、EM聚类以及总结句等设置。Expectation Maximization（EM）表示使用最大期望算法，对当前的知识网络进行聚类。EM的具体执行步骤为：选择Expectation Maximization（EM）后，点击Start EM执行聚类过程。聚类完成后，会在窗口下方显示聚类的基本分布情况。点击该界面的Visualization后，可以得到聚类的可视化结果。点击Clusters Instances则可以查看具体的聚类信息。

Set the Maximum Number of LSI Terms to display表示LSI聚类标签显示的最大数量；Set the Maximum Number of LLR Terms to display表示LLR聚类标签显示的最大数量；Summarize a Single Cluster表示从特定聚类施引文献中提取总结句（图2.42）。Set Citation Threshold表示以引文数为阈值来提取句子；Select Cluster-Summarizing Sentences表示选择聚类中施引文献的总结句。

（9）Overlays菜单提供了网络的叠加分析功能（图2.43）。Add Node Highlights by DOIs or Node Label Lists为通过DOI或节点标签列表来添加网络图中要显示的节点信息；Remove Node Highlights表示移除重点显示的节点；Add a New Network Layer、Remove all Layers以及Set the Maximum Layers用来添加、移除和设置最大图层数；Toggle Main Path Color Patterns用来切换主路径的色彩

模式；Add Main Path Layers用来添加主路径图层；Save Node Keys to.list表示用来保存满足特定"度值（Degree）"的节点列表；Save As a Network Layer表示将其保存为网络图层；Show/Hide Overlay Node Labels用来显示/隐藏图层节点标签。

图2.42 聚类中文本内容的总结

图2.43 Overlay菜单

（10）Filters提供了多项对网络信息的过滤功能，如图2.44所示。Show All Nodes表示显示所有节点；Show the Largest k Connected Components表示显示网络规模排名前k的子网络；Spotlight用来突出显示网络的关键路径；Show Citation/Frequency Burst用来显示具有突发性特征的节点。此外，还提供了当前文献与PubMed文献匹配的功能。

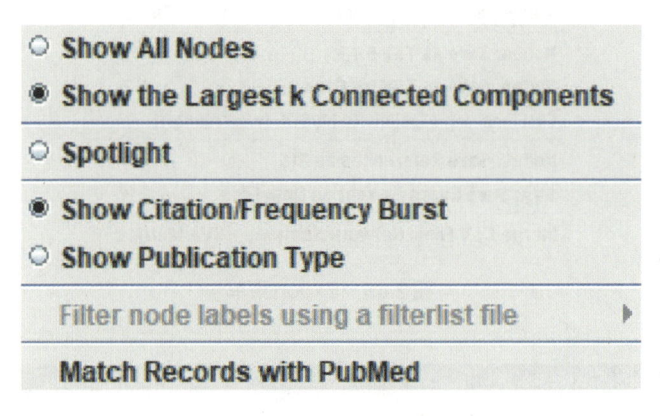

图2.44　Filters菜单

（11）Summary菜单中包含总结报告（Summary Report）和总结的重新创建（Create summary from Scratch）功能。

（12）Export中的功能主要是对结果进行查询和导出（图2.45），包含了Network Summary as HTML，CSV，RIS（将网络总结保存为HTML等格式）、Network（导出当前的网络）、Refresh>Clustering>Labeling>Save Cluster Files（刷新聚类信息）、Nodes：Save as TSV for R（节点信息保存为TSV或R）、Nodes：Save as TSV for Orange（节点信息保存为Orange格式）以及Clusters：Save Details to MySQL（将聚类信息保存到MySQL）等。

例如，在Export中，点击Network Summary as HTML，CSV，RIS可得到网络中所有节点的列表（图2.46）。该表可以直接复制到Excel或Word中，也可以导出为CSV，RIS以及HTML格式。在该表中，Freq代表节点的频次（出现次数或被引次数），Burst为突发性强度，BurstBegin为突发性起始时间，BurstEnd为突发性结束时间；Degree表示度中心性，Centrality为中介中心性，Σ为Sigma值，PageRank为PR排名，Year为年份，Title为标题，Source为文献来源（如期刊），Vol为卷次，Page为起始页码，HalfLife为半衰期，Cluster为所属聚类。

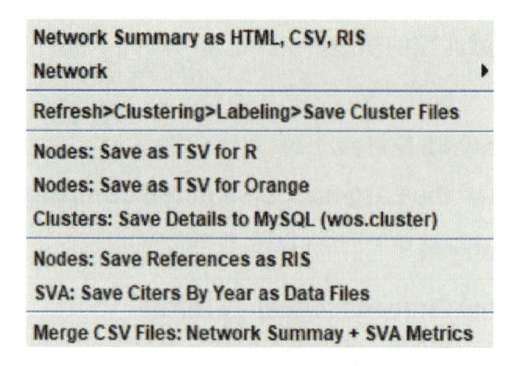

图2.45　Export菜单

图2.46　网络节点的详细列表

（13）Windows中包含Control Panel和Node Details两个功能，其中Control Panel主要用来显示控制面板，Node Details用来显示节点的详细信息。

（14）Help中包含Legend，Interactive Controls，Searchable Node Attributes和About。Legend是CiteSpace的图例说明，包含Node，Link以及Color Mapping三项内容。Interactive Controls用来指导用户与CiteSpace进行互动操作。About主要包括软件版权和Sigma说明（Sigma =（centrality +1）^ burstness）。

2.3.3 可视化界面功能

可视化界面中主要包含快捷功能区域和可视化展示区（图2.47）。这些区域所对应的功能均可以在菜单栏中找到。图中将这些功能划分为不同的模块，现说明如下：

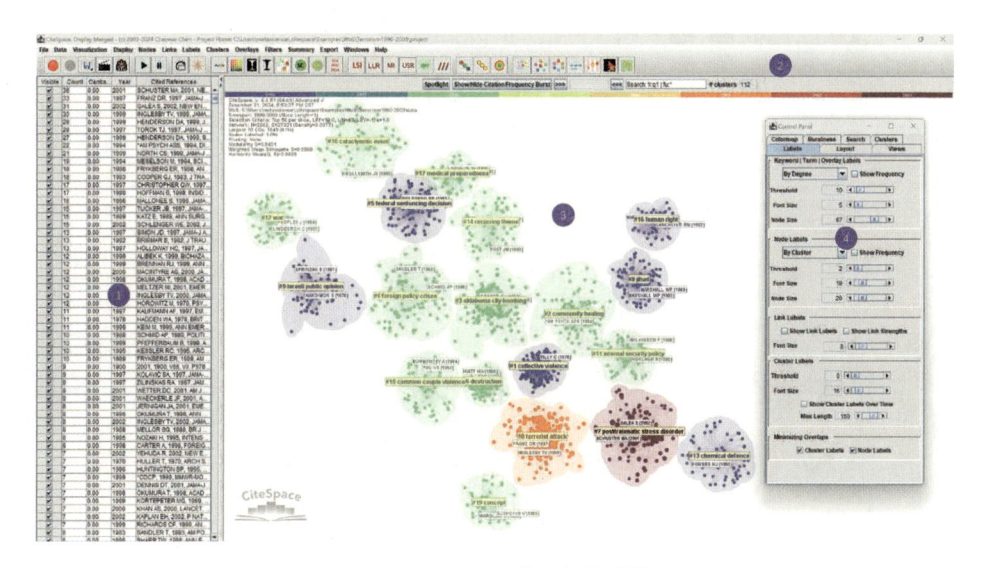

图2.47　CiteSpace的可视化功能区

❶ 节点详细列表。用户可以按照Count（频次）、Centrality（中介中心性）、Year（首次出现年份）以及节点的标签属性（如：Cited References）表格信息进行排序（用户只要点击表的首列即可）。若要隐藏/显示网络图中的目标节点，选择Visible中的☐或☑即可。

❷ 快捷功能模块。该模块包含结果的保存、显示编辑和网络计算等功能（图2.48）。图中区域（a）依次为启动录屏、停止录屏、保存可视化文件、保

存PNG文件、保存SVG文件、运行数据、停止运行、图形旋转、弧线设置、网络配色、背景颜色、黑色背景以及白色背景；区域（b）依次为网络聚类、SC聚类标签提取、CR聚类标签提取、聚类趋势、LSI标签提取算法、LLR标签提取算法、MI标签提取算法、USR自定义聚类标签、GPT聚类标签以及LSI/LLR多算法聚类标签的显示；区域（c）依次为节点的聚类样式、统一样式、年轮样式、聚类视图、圆形视图（一）、圆形视图（二）、时间线视图、时区视图、山峦图以及密度图（或称热力图）。

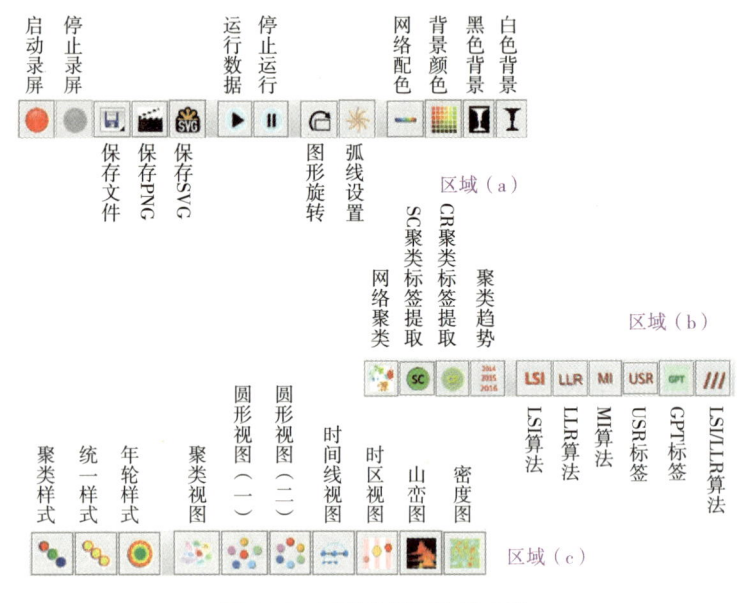

图2.48　可视化界面快捷功能

❸网络调整与计算功能。该区域可以实现网络的关键路径分析（Spotlight）、节点突发性探测（Citation/Frequency Burst）、网络关系在时间序列上的变化、节点信息的检索以及聚类数量的显示等功能，如图2.49所示。

图2.49　网络重要信息的突显功能

❹控制面板（Control Panel）。该功能区包含了Labels（标签和节点的处理）、Layout（网络的可视化布局）、Views（时间线可视化的调整）、Colormap（系统主题配色和透明度的调整）、Burstness（知识单元突发性探测）、Search（信息检索结果链接）以及Clusters（聚类信息的展示）。

Labels模块，如图2.50所示。由图可见，Labels中可以实现下面这几个功能：ⓐKeyword|Term对关键词或术语共现网络中标签显示的阈值、字号以及节点大小的调整；ⓑNode Labels对非主题网络中标签显示的阈值、字号以及节点大小的调整；ⓒLink Labels用于显示/隐藏网络中连线的标签、关联强度或对标签字号的调整；ⓓCluster Labels对聚类标签的显示阈值和字号进行调整；ⓔMinimizing Overlaps用来优化节点和聚类标签的分布，减少标签之间的覆盖。

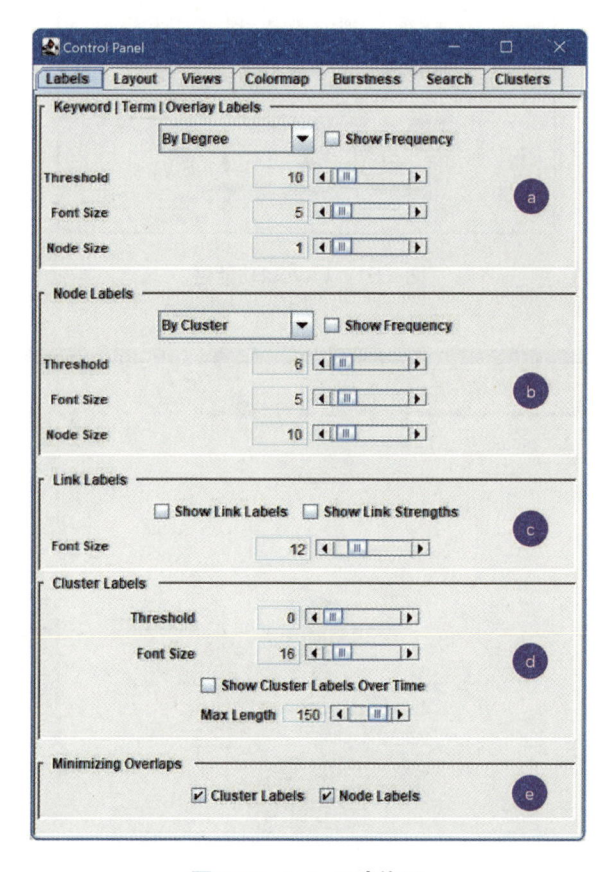

图2.50　Labels功能区

Layout模块，如图2.51所示。Layout为可视化布局的快速切换区域，其中，Clusters表示聚类视图，Circular view 1表示圆形视图（一），Timeline表示时间线视图，Timezone表示时区图，Landscape表示山峦图，Heatmap表示密度图（或热力图），参见图2.52；Rotate表示对当前可视化图谱的旋转，Expand表示对网络图的扩展，Shrink表示对当前网络图的压缩。

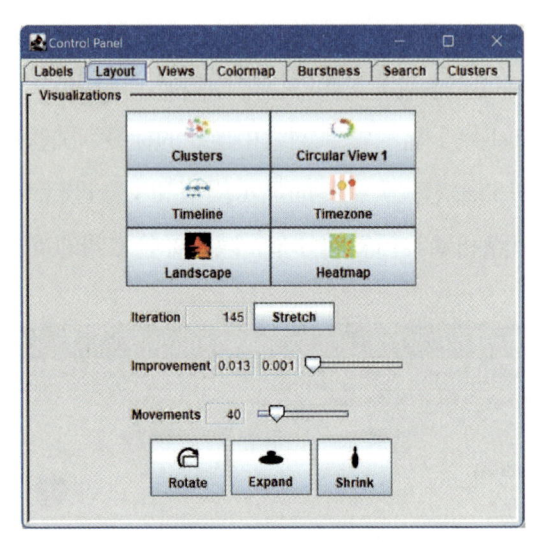

图2.51　Layout功能区

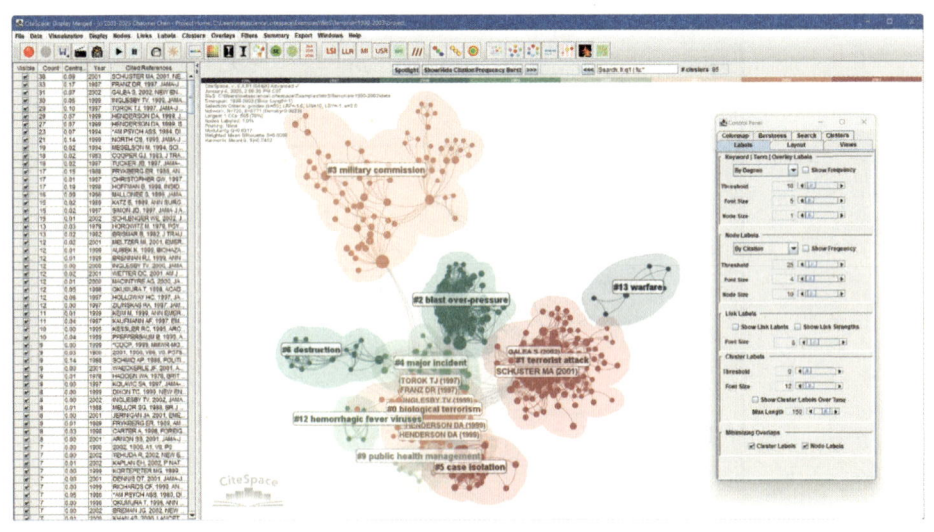

a）聚类视图（Cluster view）

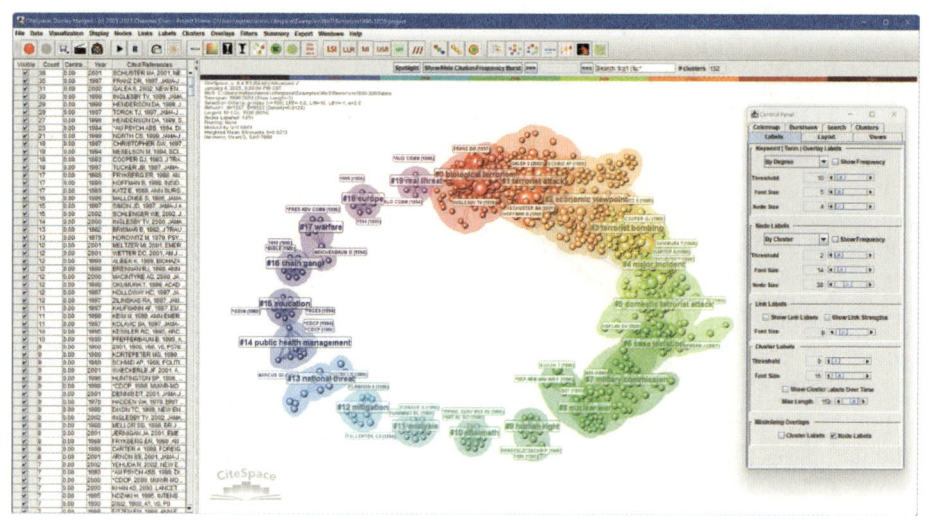

2 软件安装与软件功能
CiteSpace Installation and Functionality

b）圆形视图（Circular view 1）

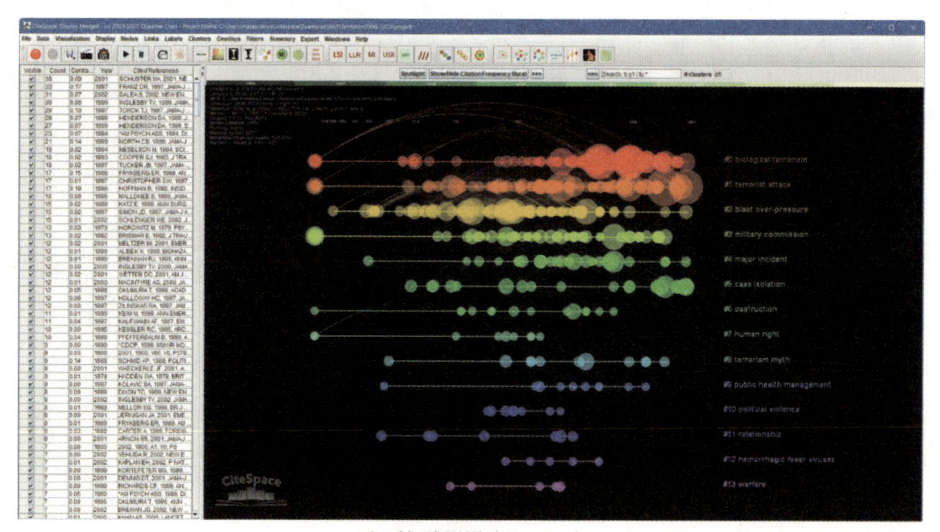

c）时间线视图（Timeline）

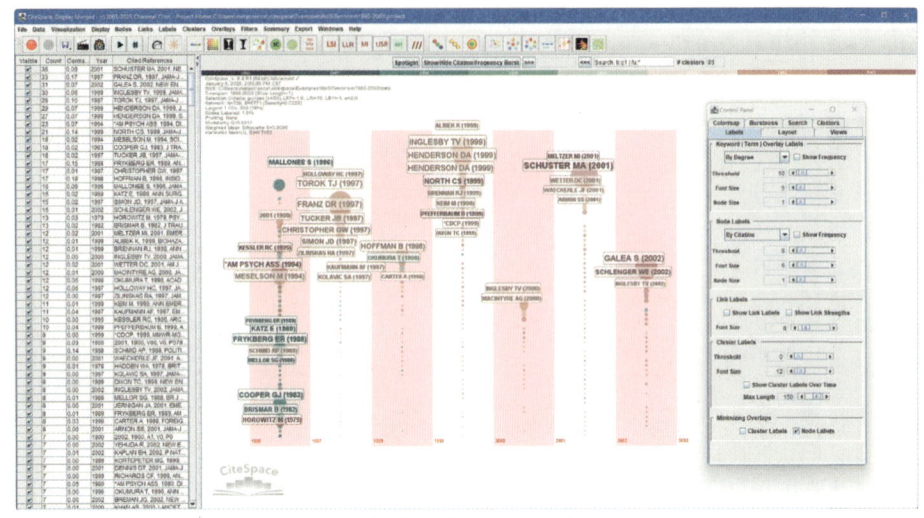

d）时区视图（Timezone）

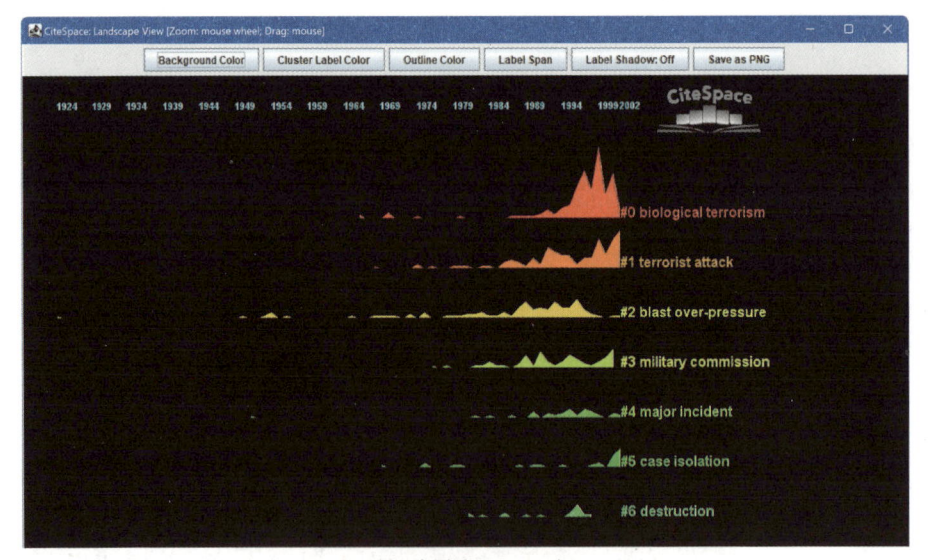

e）山峦图（Landscape）

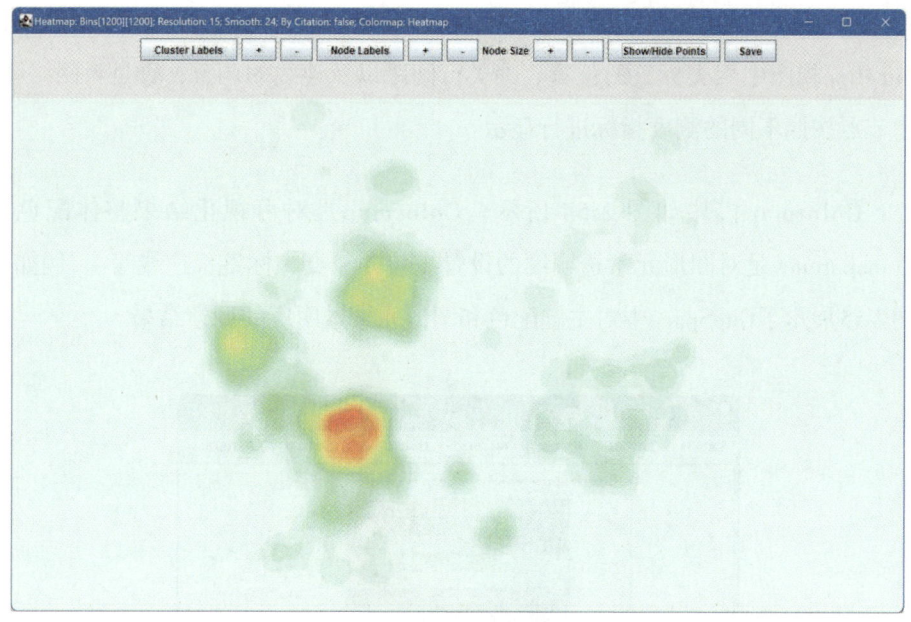

f）密度图（Heatmap）

图2.52　知识网络的可视化类型

Views模块，如图2.53所示。Views主要用来实现对时间线的可视化调整。

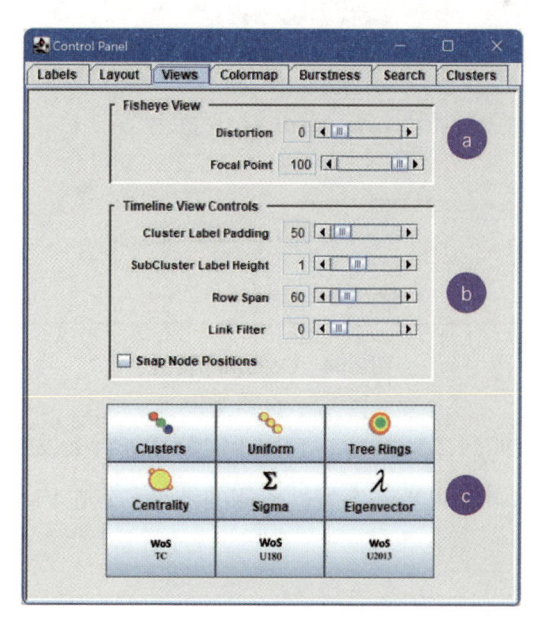

图2.53　Views模块

图 2.53 中 ⓐ 是利用鱼眼视图功能（Fisheye view）对Timeline进行调整；ⓑ 是对Timeline视图中聚类标签的位置、聚类行间距以及连线的调整；ⓒ 是对网络图中节点按照不同的测度指标进行显示。

Colormap模块如图 2.54 所示。Colormap是对可视化结果整体配色，Transparency是对图形元素透明度的设置（包含节点、标签、连线等）。例如，图2.55展示了CiteSpace中对主题配色和图形元素透明度的调整结果。

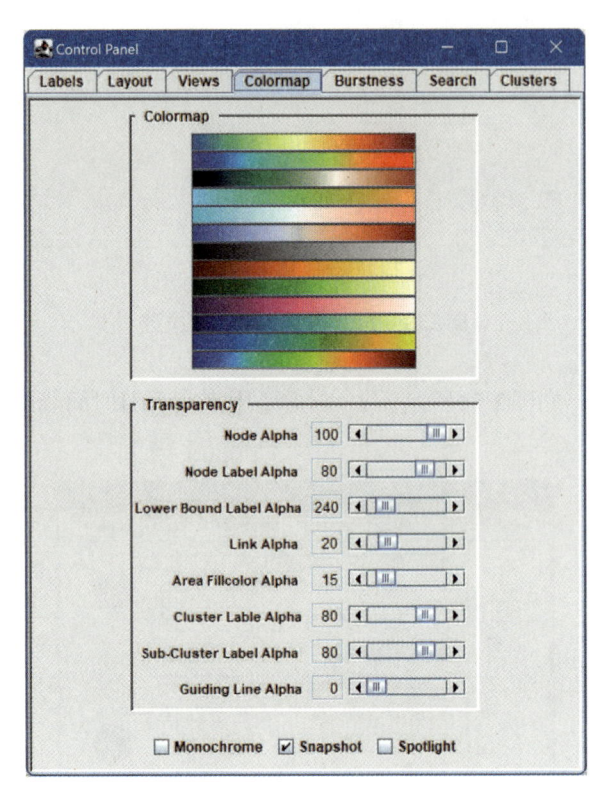

图2.54　Colormap模块

Burstness模块如图 2.56 所示，它用于对节点进行突发性参数设置。修改参数后，点击Refresh即可更新突发性探测的结果，点击View则可以查看突发性探测的结果。

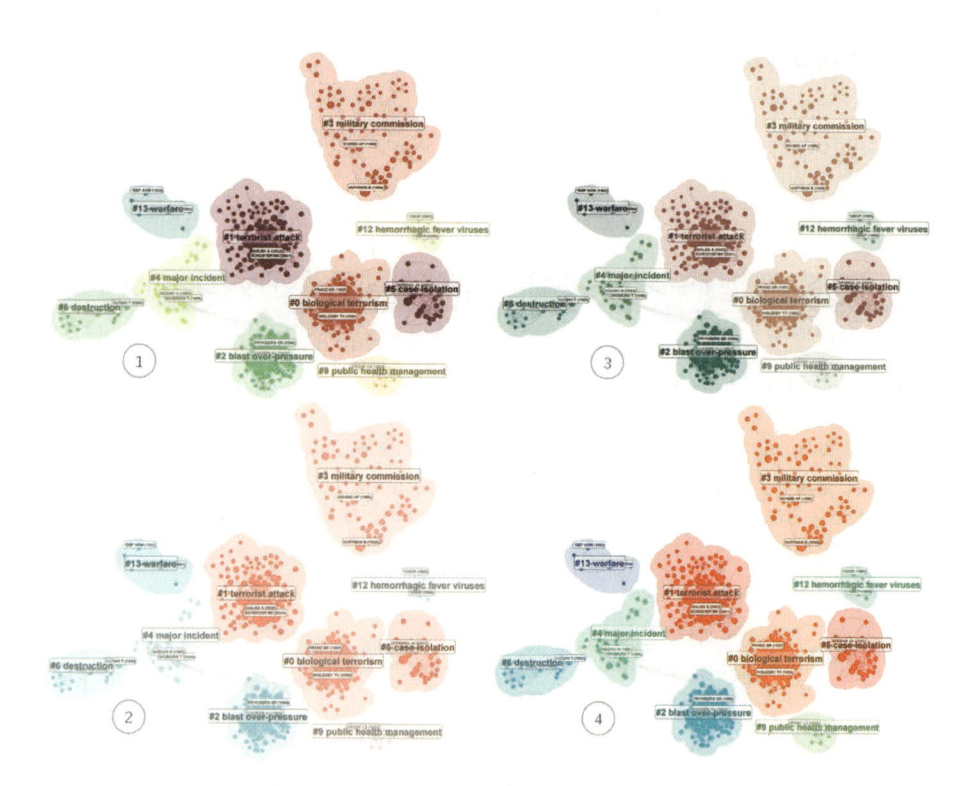

2 软件安装与软件功能
CiteSpace Installation and Functionality

图2.55 CiteSpace的典型主题配色

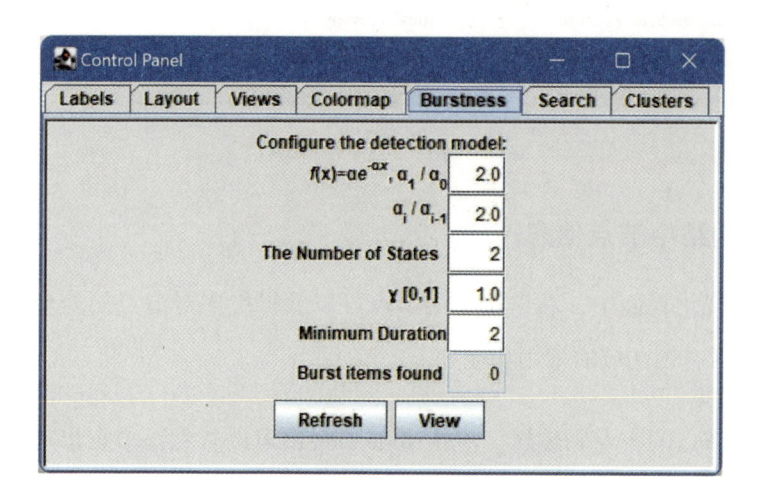

图2.56 Burstness模块

Search模块：在知识网络图中，选中某个节点，通过右击菜单可以选择特定的数据库来检索目标文献。检索后，在Search模块中会生成一个链接，用户可以直接通过该链接访问论文主页。

Clusters模块：该模块主要用来显示聚类的时间演化结果，如图2.57所示。

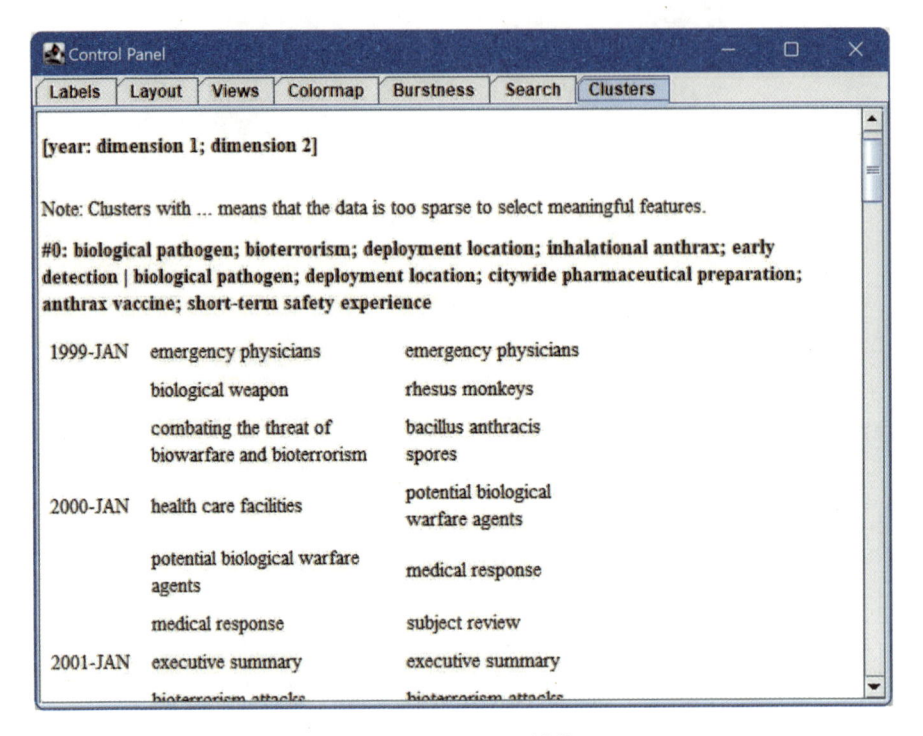

图2.57　Clusters模块

2.3.4　网络中节点信息

在可视化界面中，右击选中的节点可以获得更多对节点的处理功能，如图2.58所示。该区域的常用功能如下：

（1）节点的查看和编辑。点击Node Details可以查看该节点出现频次的时间曲线。若为文献共被引网络，查看的就是该文献被引用的时间曲线。在共词网络分析中，曲线对应的则是该关键词的词频趋势。在合作网络中，则表示作者、机构或国家/地区的论文年度产出曲线。

2 软件安装与软件功能
CiteSpace Installation and Functionality

```
Node Details
Concept Tree (Citation Context)
Pennant Diagram
Label the Node
Clear the Label                        ①
Bookmark the Node
Clear the Bookmark
Annotate the Node
Clear the Annotation

Go to URL
DOI
The Lens
Google Scholar
Google Patents                         ②
PubMed
ACM DL
Supreme Court
CiteSeer

List Cluster Members                   ③
List Citing Papers to the Cluster
Draw Similarity Networks (LSA)

Hide Node
Hide Cluster
Restore Hidden Nodes
                                       ④
Add to the Exclusion List
Clear the Exclusion List

Add to the Alias List (Primary)
Add to the Alias List (Secondary)
```

图2.58 节点信息处理功能菜单

  Label the Node意为标记节点标签，若一个节点的标签没有显示出来，可以通过该功能直接将标签标记显示，Clear the Label表示清除标记的节点标签，Bookmark the Node为通过在节点上加★来标记节点。用户也可以通过Clear the Bookmark清除★标记。Annotate the Node表示为节点增加注释，类似地，选择Clear the Annotate可以清除注释。

69

（2）节点的信息检索。DOI表示通过文献数字对象标识符（Digital Object Identifier）来检索文献，用户点击DOI可以直接链接到该论文的全文地址（没有DOI将无法返回结果）；Google Scholar和Google Patent表示通过谷歌学术和谷歌专利来检索对象文献；此外，还可以通过PubMed、美国计算机协会数字图书馆（ACM DL）、Supreme Court以及CiteSeer等数据库来检索数据。

（3）节点的关联信息查询。该模块包含的功能有List Cluster Members（列出类中文献）、List Citing Papers to the Cluster（列出类中的施引文献信息，包括Keyword、Citing Title和Bibliographic Details）以及Draw Similarity Network（相似网络的绘制）。

（4）节点的其他处理功能。这一模块除了包含Hide Node（隐藏节点信息）、Hide Cluster（隐藏某聚类）、Restore Hidden Nodes（恢复隐藏的节点）等功能外，还包含对数据的消歧功能。其中，Add to the Exclusion List表示将选择的节点添加到"排除"列表；Add to the Alias List-Primary（将对象标签添加到词表中-首选）和Add to the Alias List-Secondary（将对象添加到词表中-次选）表示对所选对象的合并功能。例如，选中behavior后选择Primary，然后选中behaviour，再选择Secondary，重新计算后会将behaviour的信息合并到behavior中。

2.4 项目建立与参数设置

在以上对软件整体功能模块介绍的基础上，下面以热爆炸研究的数据为例（李杰 等，2020 a），对新项目建立和分析的参数设置介绍如下：

第1步：建立文件夹thermal explosi_1415，并在此文件夹下建立两个子文件夹data和project。将待分析的WoS数据保存在data文件夹中，project为空文件夹，用于保存分析过程中产生的结果。

2 软件安装与软件功能
CiteSpace Installation and Functionality

第 2 步：在功能参数区点击New进入New Project新建项目界面。在该界面中，Title表示项目的名称，用户可以根据个人偏好为项目命名；Project Home用于建立软件与project文件的关系，只要点击Browse加载project文件的路径即可；类似地，Data Directory是用来关联软件与本地待分析的数据的，同样，用户点击Browse将data的文件路径加载即可。在Data Source位置，提供了WoS、Scopus、Dimensions以及PubMed等对数据来源的选择，这里按照数据分析的实际情况选择即可。对于新用户而言，其他参数默认，点击Save返回到功能参数区（图2.59）。

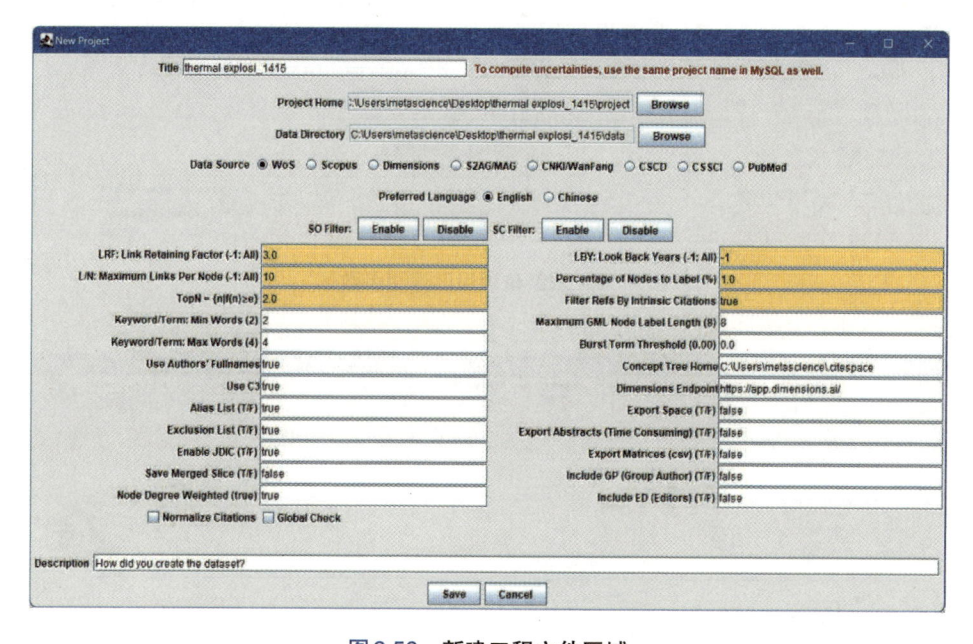

图2.59 新建工程文件区域

返回功能与参数区后，用户需要对数据分析的时间跨度、网络参数等进行设置。当功能参数区设置完成后，点击Start就可以启动对数据的分析（图2.60）。在功能参数区中，数据分析执行结束后，点击Visualize所得到的文献共被引网络，如图2.61所示。

71

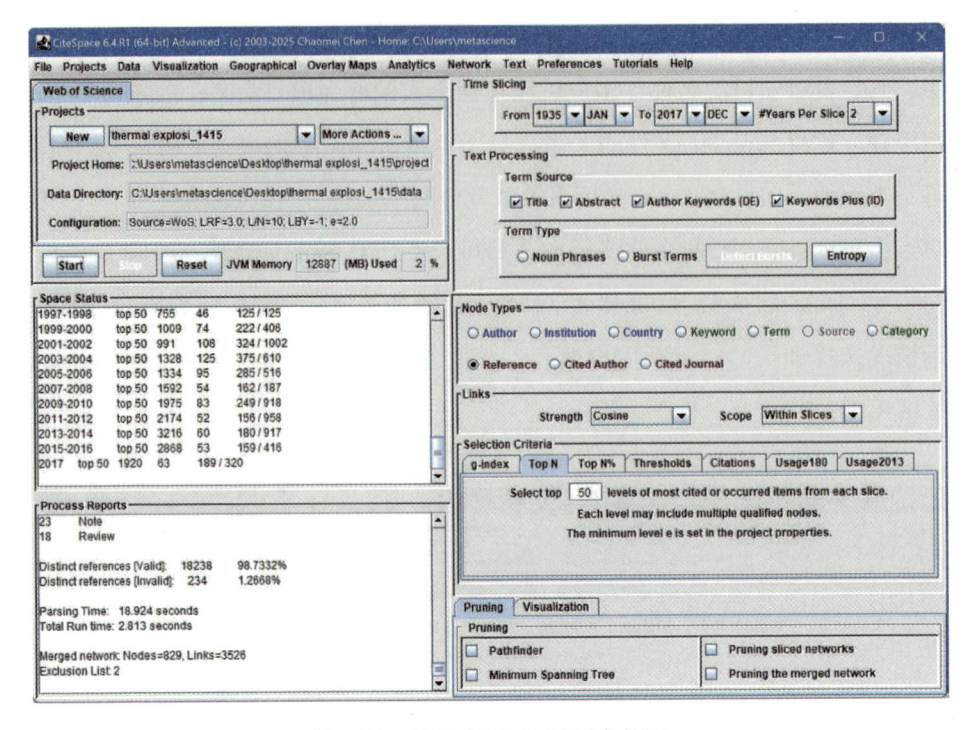

图2.60　从新建项目区返回参数区

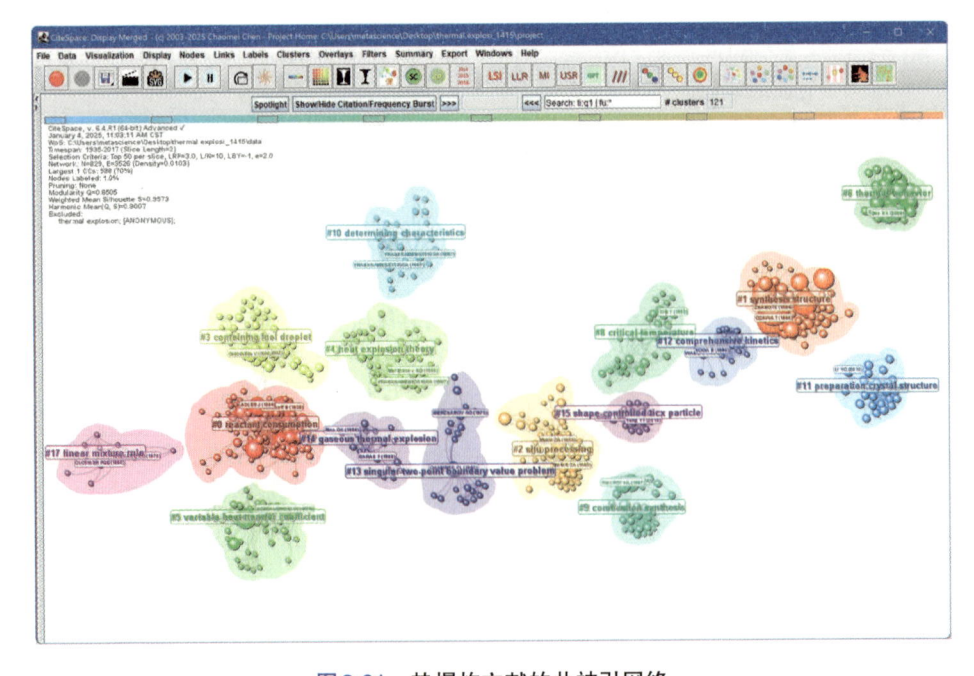

图2.61　热爆炸文献的共被引网络

2 软件安装与软件功能
CiteSpace Installation and Functionality

若用户需要对已创建的项目进行编辑，可以在Projects区域选择More Actions→Edit Properties，进入Edit Project Properties界面对当前项目的各种参数进行调整，如图2.62所示。

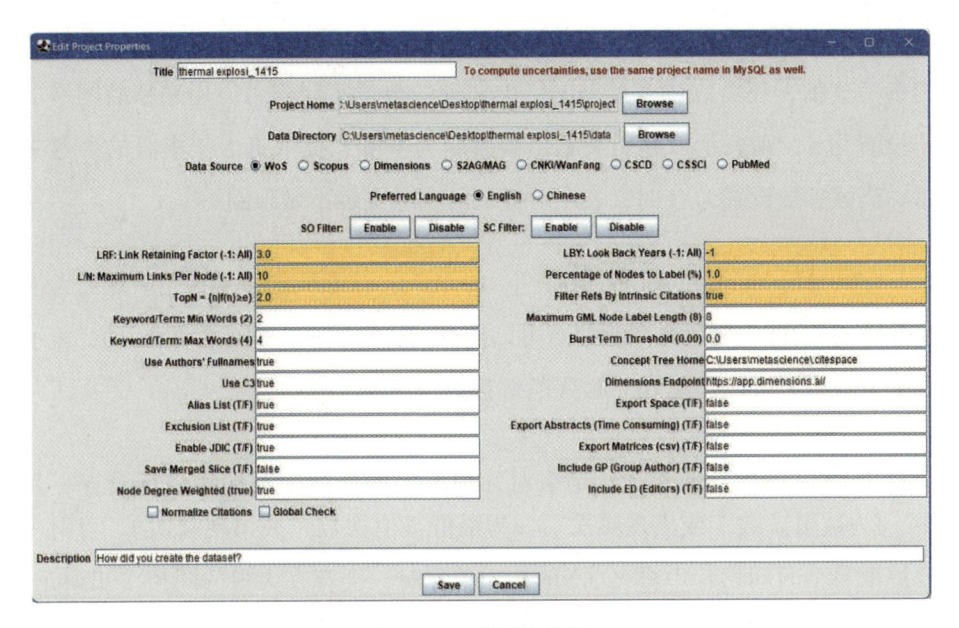

图2.62 项目的编辑

下面对新建项目界面的重要参数介绍如下：

Data Source（数据源）：提供了WoS、Scopus、Dimensions、S2AG/MAG、CNKI/WanFang、CSCD、CSSCI以及PubMed等数据源的选项。用户在加载项目和数据文件后，可以在此选择数据来源的数据库。

Preferred Language（语言偏好）：提供了English（英语）和Chinese（中文）两种选择。

Filter（过滤）：提供了SO Filter（代表Sources过滤）和SC Filter（代表Subject Categories过滤）两种方式来过滤文献数据。

LRF: Link Retaining Factor（−1：All）：该参数的含义为"连接保留因子"，

73

其功能为调节Link的取舍,即保留最强的 k 倍于网络大小的Link,剔除剩余的[1]。在实际的分析中,用户也可以通过该参数的调整来精简网络。

LBY:Look Back Years(-1:All):该参数的含义为"回溯年份",表示以施引文献出版年份为基础,向前回溯的年份。该功能不仅可以用来提取较新的参考文献,还可以用来控制网络中文献的数量(同样可以用来精简网络)。若设置为5,则表示以施引文献出版时间为基准,提取近5年出版的参考文献。当该参数设置为-1时,表示对提取的参考文献不做限制。

L/N:Maximum Links Per Node(-1:All):该参数的含义为"节点最大连接数",其功能主要用来限制节点可以拥有的连接数量。默认参数取10,表示每个节点最多可以保留10个最强的链接。

TopN = $\{n|f(n) \geqslant e\}$:用来对知识单元的最低出现频次进行设置。其中,f为被引次数(或出现频次),e为最低被引次数(或出现频次)。当用户要提取每个时间切片中排名前N的知识单元时,会存在大量的同频次知识元。此时,用户可以通过设置e来过滤低频知识单元,以突出知识网络中的重要信息。

Percentage of nodes to label(%):该功能用来设置可视化网络中标签显示的百分比,即进入可视化界面后有多少节点的标签是显示的。

Use Authors' Fullnames:该功能表示在构建作者合作网络分析时,是否提取作者的全名进行分析,该位置可以设置为true或false。

Alias List(T/F):该功能用于开启或关闭节点的合并功能。如需将Behavior和Behaviour进行合并,那么该位置就要设置为true,然后在可视化界面进行的数据消歧操作才有效。

---

[1] 陈超美. 网络团成一团怎么办?[EB/OL].[2015-12-05]. https://blog.sciencenet.cn/blog-496649-941187.html.

Exclusion List（T/F）：该功能用来启动或关闭节点的排除功能。当该功能开启后，在可视化界面进行的节点移除操作才有效。

Export Matrices（CSV）（T/F）：该功能的含义是导出当前知识网络对应的知识矩阵。开启该功能并得到可视化结果后，会在project文件中生成一个包含矩阵信息的CSV文件。

Keyword/Term：Min Words（2）和Keyword/Term：Max Words（4）用来分别设置名词短语的最小词数和最大词数，默认值分别为2和4。

2.5 数据分析的关键步骤

（1）知识域的界定。建议用户运用尽可能广泛的专业术语来界定所关注的知识领域，这是为了使CiteSpace所构建的知识图谱尽可能多地涵盖所关注的领域。在领域界定时，用户需要明晰自己的研究目的，且在分析之前对该领域的知识有较为全面的调研。

（2）数据集的构建。通过一系列重要术语界定了要分析的知识域后，用户接下来需要选择合适的数据库来进行数据的采集。领域高质量数据集的构建对用户的领域认知水平有一定的要求，同时信息检索能力尤为重要。例如，在采集安全科学领域的文献数据集时，主题检索的结果达到30万条，这时用户就需要缩小检索式。在检索结果很少的新兴话题时，用户则需要适当地扩展检索式。

（3）重要术语的提取。用户可以借助CiteSpace从文献数据的题目（Title）、摘要（Abstract）以及关键词（Keywords）等位置提取名词性术语，并对提取的术语进行词频、突发性以及共词分析。

（4）数据集的时间切片。时间切片的含义是对某一时间段的数据，按照一定规则进行切分，以达到数据"分时而治"的目的。在设置时间切片时，用户需要明确所分析数据的时间跨度（开始时间和结束时间），并根据时间跨度及其文献的时序分布特点设置时间切片的长度。

（5）数据的筛选阈值。数据的筛选阈值就是从各个时间切片中提取知识单元所满足的基本条件，常用的方法有g-index、Top N以及Top N%等。

（6）知识网络的精简。为了突出网络中的重要信息（包括重要节点、关系和结构等），往往需要采用一定的算法从网络中移除次要信息（如Pathfinder和MST算法）。建议用户首先应通过默认的参数得到初始网络，然后再决定网络裁剪参数和算法的调节方向。

（7）可视化的选型。可视化是为了更加清晰地呈现知识的结构、关系和演化趋势等，因此用户在数据处理过程中要明确数据分析的目的，选择合理的可视化形式来呈现和解释研究的发现。目前，CiteSpace中提供了Cluster View（网络图）、Timeline（时间线）、Timezone（时区图）以及Heatmap（密度图）等可视化方案。

（8）知识可视化的加工。知识的可视化表达是一项复杂的任务，在选择了合适的可视化类型后，用户还需要针对可视化的元素进行一系列的调整。例如，在CiteSpace中，用户可以对节点、标签、连线等元素的大小、宽窄、色彩等进行调整，以进一步突出网络中的重要信息。

（9）结果的解释验证。结果的可靠性是科学发现的基本要求，建议在科学知识图谱的构建过程中，广泛听取专业领域学者的反馈并及时完善和调整。

2.6 数据分析结果解读

对CiteSpace生成的网络，可以从以下四个方面进行解读：

（1）结构。用户是否可以观察到自然聚类（未经聚类算法而能直观判定)？通过算法能得到几个聚类？知识网络中是否包括一些重要的节点，如转折点（标记有紫色外圈的文献）、地标性节点（高被引文献）、枢纽节点（高中心性的文献）？如图2.63所示。

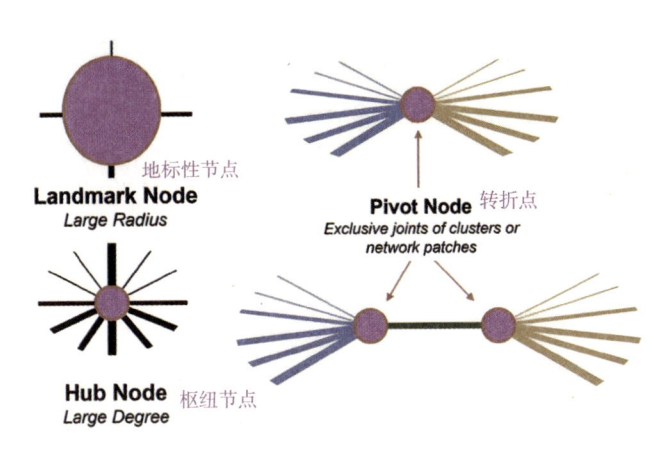

图2.63　CiteSpace中的重要节点（Chen，2004）

（2）时间。每个自然聚类是否有主导颜色（即集中出现的时间）？是否有明显的热点或新兴趋势（如节点被填充为红色的文献，其被引频率是否曾经或仍在急速增加）？此外，用户可以通过各个年轮的色彩初步判断被引时间的分布，借助时间线视图来呈现聚类内部文献的时间跨度及类间的互动关系。还有，在整个知识图谱中，聚类之间的知识流动也可以通过图谱色彩的变化来进行分析。

（3）内容。内容最直观的结果就是通过文本挖掘算法所定义的不同聚类的主题标签及其聚类中重要文献所研究的主题。内容的分析至关重要，它使得图谱的科学价值进一步凸显。

（4）指标。指标可以用来对结果进行评价或者辅助发现重要的情报信息。例如，在软件中，可以用中介中心性（Betweenness Centrality）来测度和发现网络中的潜在转折点，用知识元频次的突发性（Burstness）来测度新兴的前沿趋势。采用Silhouette（轮廓值）和Modularity（模块化度量）来测度聚类的质量等。

思考题

（1）安装CiteSpace软件，并运行案例数据。

（2）CiteSpace有哪些代表的知识网络可视化形式？

（3）如何确定科学知识网络中的重要文献？

3 文献数据采集与处理
Literature Data Collection and Processing

3.1 数据采集与处理概述

科技文献数据的采集和预处理是进行数据分析的基础。当前文献数据的采集主要通过构建数据检索式，从商业或开放的科技文献数据库中获取（例如：Web of Science、OpenAlex或CNKI等）。此外，数据分析与数据的内容及其结构关系密切，因此，在数据采集时要特别注意各个数据库中数据在内容和结构上的差异。在数据的内容层面上，索引型数据库通常包含除正文以外的其他题录信息，同时还对这些入库的数据进行了增值处理。例如：Web of Science或Scopus中的文献数据还包含了被引频次、所属领域和是否高被引等信息。在数据结构层面上，不同的数据库采用了不同的数据结构和形式来存储数据。例如：WoS使用AU和AF来表示作者信息字段，而其他数据库则使用了其他标记。在数据分析中，CiteSpace以Web of Science为标准数据构建了整个数据分析的技术框架，因此，从其他数据库采集的数据都需要转换为Web of Science数据格式才能进行分析。为了向读者展示完整的数据采集过程，本章以WoS、CNKI、CSSCI以及CSCD为例进行说明。

3.2 典型数据库数据采集

3.2.1 WoS数据采集

Web of Science数据库需要付费订购，否则将无法进行数据检索和采集。虽然在很多研究中，一些学者声称自己检索了所有的WoS数据，却忽视了WoS

数据库中各个子数据库的回溯时间。例如，Science Citation Index（SCI）最早可以回溯到1900年，一些机构仅仅订阅的是近十年的。因此，在进行数据采集时要加以注意。

下面对Web of Science数据的采集进行介绍。

第1步：登录Web of Science数据库。

若用户所在机构订阅了Web of Science数据库，在浏览器中直接输入https：//webofscience.clarivate.cn/即可进入该数据库首页。此外，用户还可以在所在机构图书馆的电子资源列表中找到访问链接。在Web of Science主页中，默认的检索数据库为All Databases，此时用户需要切换到Web of Science Core Collection，以采集可用于CiteSpace分析的数据（图3.1）。

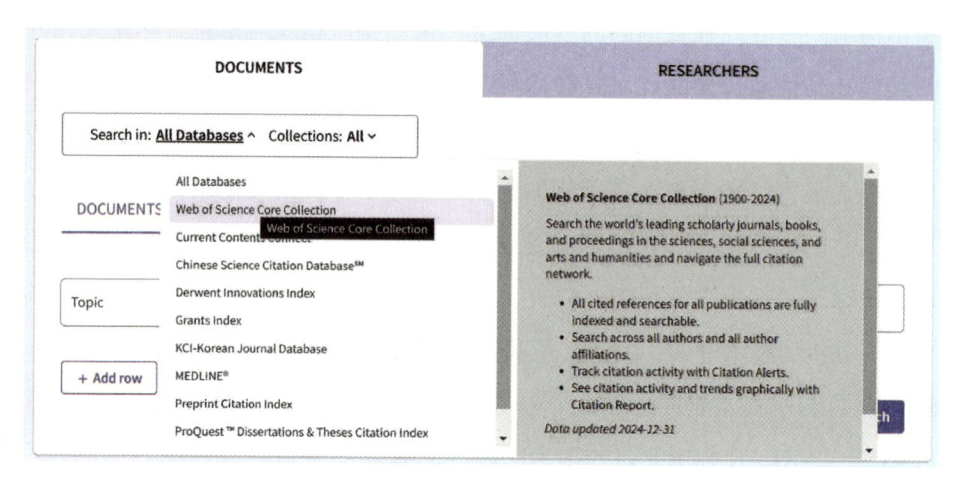

图3.1　WoS核心库

第2步：数据检索策略的构建。

这里以检索2020—2024年发表在 *Scientometrics* 期刊上的论文为例。在默认的DOCUMENTS检索界面中，检索字段选择Publication Titles，输入检索内容为Scientometrics；时间字段选择Year Publishes，输入时间范围2020—2024；在Editions中选择来源数据库为All，如图3.2所示。

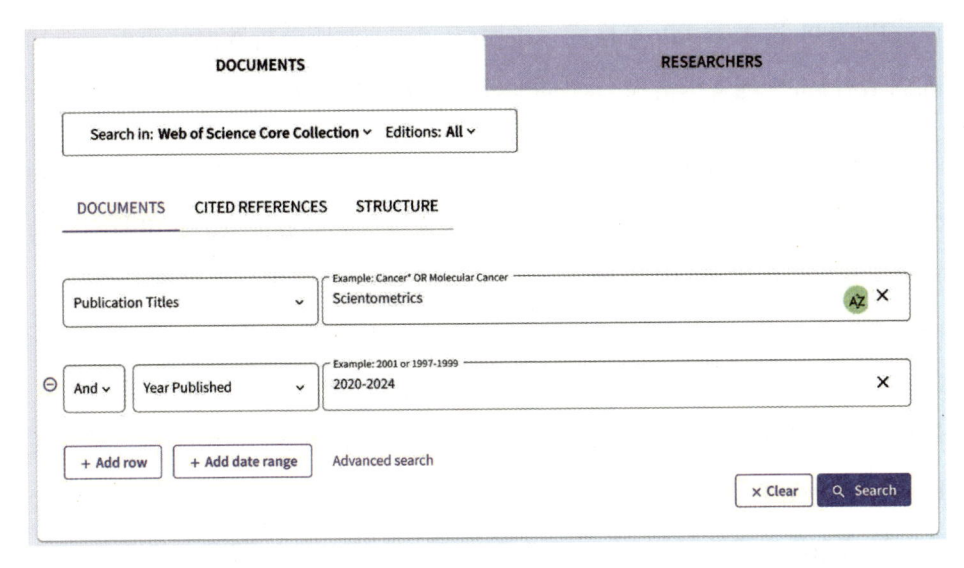

图 3.2　WoS文献检索条件设置

第3步：检索结果与导出。

在检索结果页面中，用户可以点击Export导出所检索的数据（图3.3）。在数据的导出选项中，用户可以将当前检索的结果保存为Endnote、Refworks、

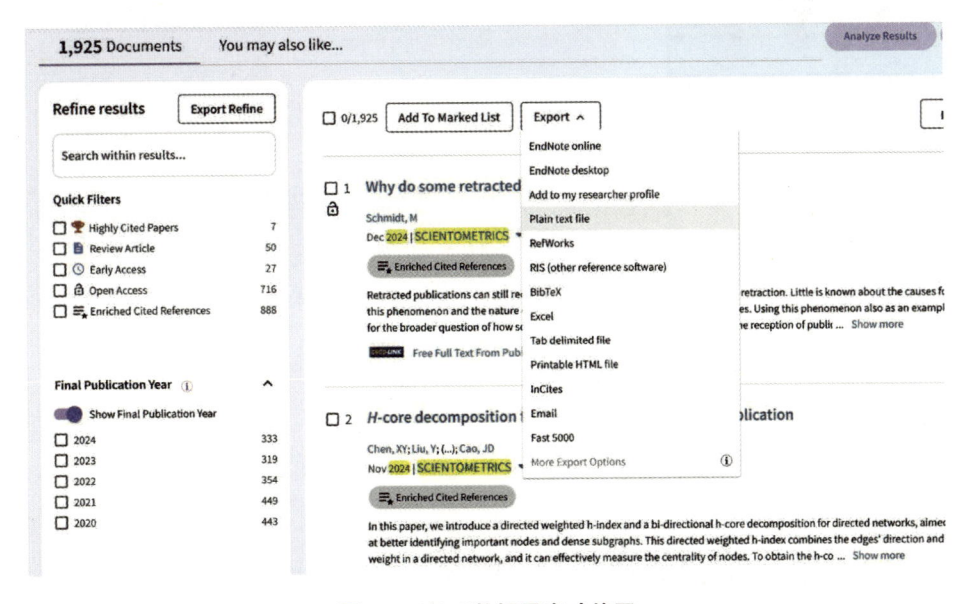

图 3.3　WoS数据导出功能区

Excel以及Plain Text File等格式。按照CiteSpace对所分析数据的要求，选择Plain Text File（纯文本格式），并进一步选择要导出的数据范围和数据内容。

在数据导出界面中（图3.4），共包含两个需要设置的位置，分别为Record Options和Record Content。Record Options用来设置数据集记录的导出范围，用户可以导出当前界面的所有记录，还可以通过输入文献编号导出更多的记录。由于当Record Content选择Full Record and Cited References时，Web of Science每次只能导出500条记录。因此，当记录数超过500时，用户需要分批导出。例如，我们检索到了1 925条记录，那么要通过4次分批导出，用户需要在Records from后面依次输入1-500、501-1000、1001-1500和1501-1925，所下载的纯文本必须命名为download_xxxx的样式，如download_1001-1500。

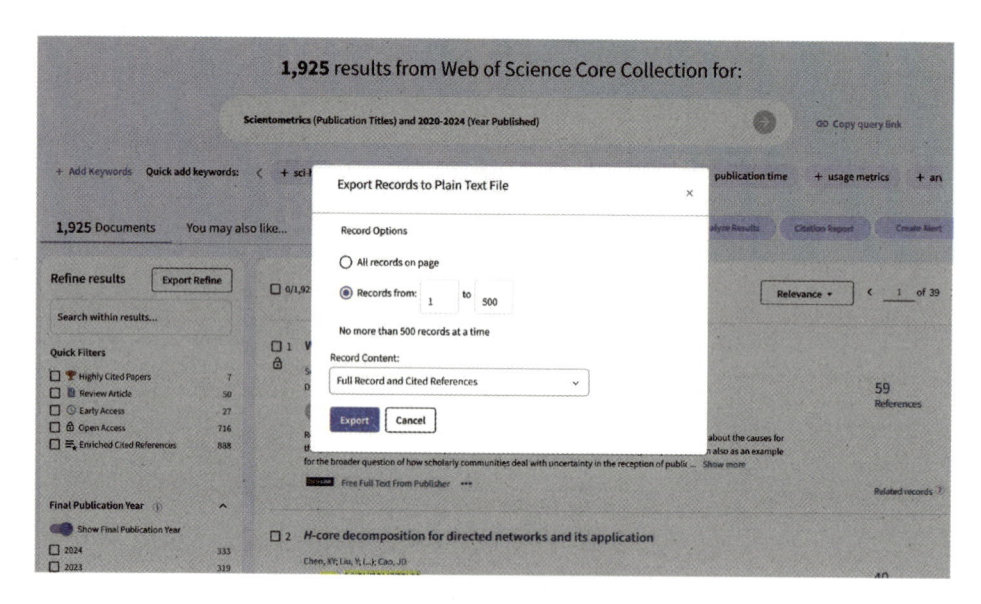

图3.4　WoS数据导出页面设置

3.2.2　CNKI数据采集

第1步：登录中国知网。

与本章介绍的其他数据库不同，从CNKI全文数据库中采集的文献题录数据是免费的。首先，用户可以通过www.cnki.net进入中国知网主页，然后再进行文献检索参数的设置（图 3.5）。为了直观地呈现CNKI中数据的采集过程，本部分将以检索和下载 2020—2024 年发表在《情报杂志》上的论文为例进行说明。

图 3.5　CNKI首页

第 2 步：数据检索策略的构建。

为了更好地构建检索策略，建议用户点击检索框右侧的"高级检索"进行检索条件的设置（图 3.6）。在高级检索页面中，检索字段选择"文献来源"并输入"情报杂志"，匹配方式选择"精确"，时间选择 2020-01-01 到 2024-12-31。检索条件设置完成后，点击页面下方的"检索"，进入检索结果页面。

图 3.6　数据检索条件的设置

第3步：获取检索结果。

检索共得到2020—2024年发表在《情报杂志》上的1 795条文献记录，如图 3.7 所示。CNKI检索结果的列表中包含了期刊刊登的新闻、会议通知等非论文的信息。因此，用户需要在进行数据分析时予以剔除。为了便于剔除无关记录，建议用户在下载时逐页检查并剔除[1]。

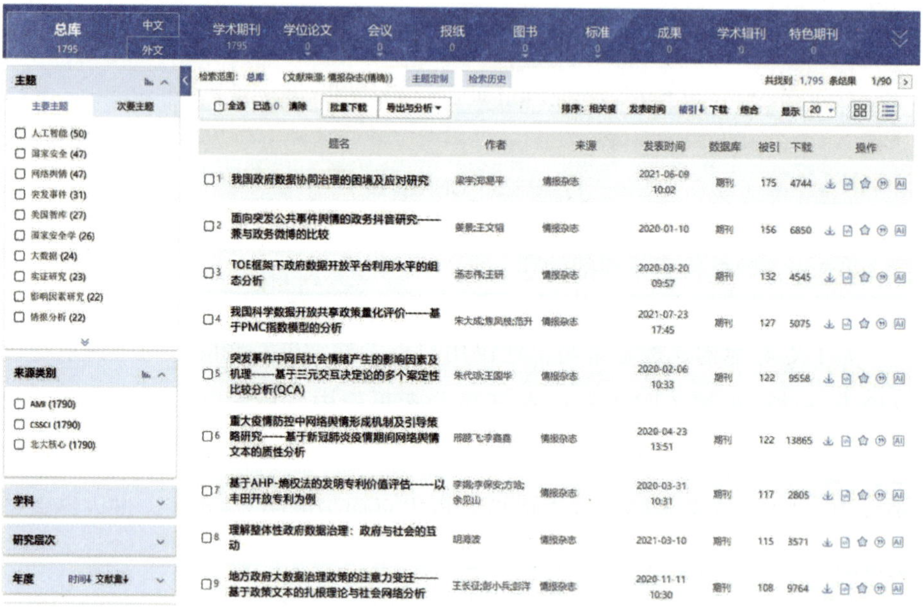

图3.7　CNKI文献检索结果页面

在检索结果界面的左侧，用户可以从数据的主题、文献来源、学科以及作者等方面对结果进行初步的统计分析和精炼。此外，在该界面中，用户也可以修改页面显示的记录数，这里推荐每页显示 50 条记录，以便于后面数据的选择、删除和导出。

若用户要导出当前的数据列表，首先需要点击　　（全选）选择本页的 50 条记录，这里的"已选 50"代表已经成功选择的文献量。然后点击下一页，

---

[1] 用户也可以在下载完所有数据后，将数据导入到李杰等研发的Metametrix开放科学计量分析工具中进行处理。Metametrix下载地址为https://doi.org/10.5281/zenodo.14928021。

继续选择需要导出的文献记录，直到选中500条记录（CNKI一次最多导出500条数据），如图3.8所示。

图3.8　CNKI文献的选择与下载

第4步：数据下载和保存。

选中500条待下载的记录后，点击该页面的"导出与分析"（图3.9），选择CiteSpace可处理的Refworks格式（图3.10）。为了便于后期撰写和引用论文，这里建议同时输出Refworks和Endnote两种格式。前者可以用于CiteSpace的可视化分析，后者则可以输入Endnote中进行文献管理。最后，点击"导出"完成数据下载。下载500条记录后，用户需要在检索结果界面中，点击"清除"，取消所选中的500条文献。然后，再逐页选中剩余的记录并"导出"到本地文件夹中。需要注意的是，用户将导出的文本数据要命名为download_xxxx的样式。

3.2.3　CSSCI数据采集

第1步：登录CSSCI数据库。

图3.9　CNKI文献下载界面

图3.10　CNKI文献数据的导出

通过http：//cssci.nju.edu.cn/，进入CSSCI首页（图3.11）。需要注意的是，CSSCI数据库需要机构付费订阅后，才能进行数据的检索和采集。

图3.11　CSSCI首页

第2步：数据检索策略的构建。

本部分以检索2023年发表在《情报学报》上的论文为例进行操作说明。进入CSSCI首页后，点击高级检索进入"高级检索"页面（图3.12）。在检索框中输

图3.12　CSSCI文献检索参数设置

入"情报学报",检索字段选择"期刊名称",匹配方式选择"精确";发文年代选择2023;设置完成后点击"检索"按钮,进入文献的检索结果页面(图3.13)。

图3.13　CSSCI数据检索结果

检索共得到2023年发表于《情报学报》的119篇文献(116篇论文,3篇综述)。在检索结果页面中,用户也可以进一步对得到的结果进行精炼,以获取满足特定需求的子数据集。

第3步:数据的下载和保存。

首先,用户需要在页面的底端点击 全部选择 ,以选中当前页面的所有待导出结果;然后点击下一页,直到选中所有的119条记录;最后点击"下载",获取所检索的数据(图3.14)。这里同样需注意,导出的纯文本数据要命名为download_xxx的形式。

3.2.4　CSCD数据采集

第1步:登录CSCD数据库。

登录Web of Science数据库并选择中国科学引文数据库(图3.15)。

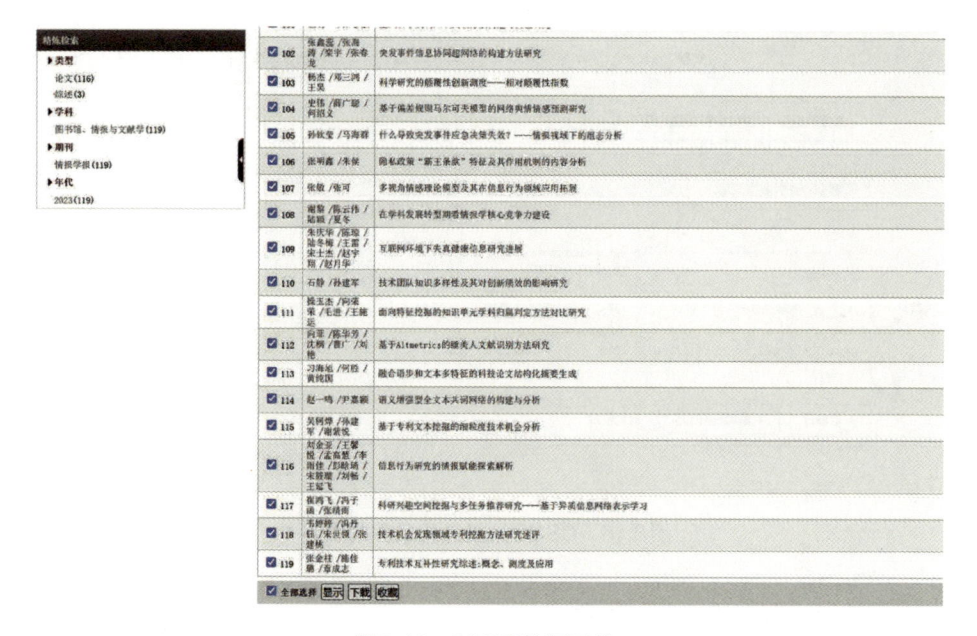

3 文献数据采集与处理
Literature Data Collection and Processing

图3.14 CSSCI数据下载

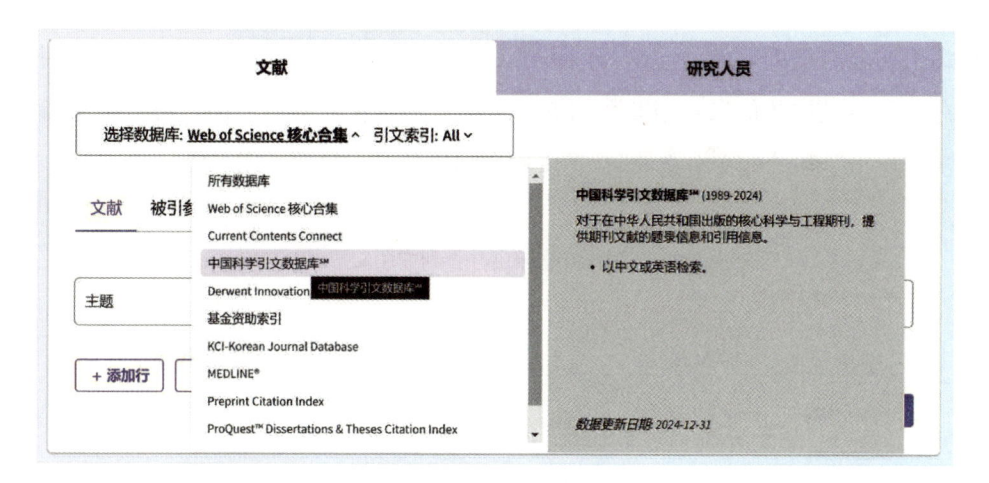

图3.15 CSCD主页

第2步：数据检索策略的构建。

本部分以检索2019年发表在《安全与环境学报》上的论文为例。检索字段分别选择"出版物标题"和"出版年"，检索内容分别为"安全与环境学报"和2019（图3.16）。

89

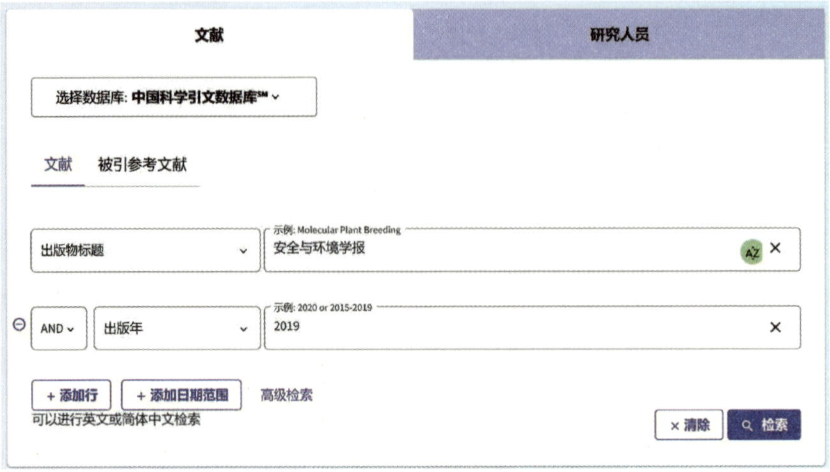

图3.16　CSCD文献检索条件的设置

第3步：数据的下载和保存。

通过以上的检索条件，共得到2019年发表在《安全与环境学报》的307篇论文。在结果页面的左侧，列出了对当前论文数据集的统计分析结果，用户可以借助这些信息对当前数据有一个初步的认识。最后，用户可以依次点击"导出"和"纯文本文件"，进入检索结果的导出界面（图3.17）。

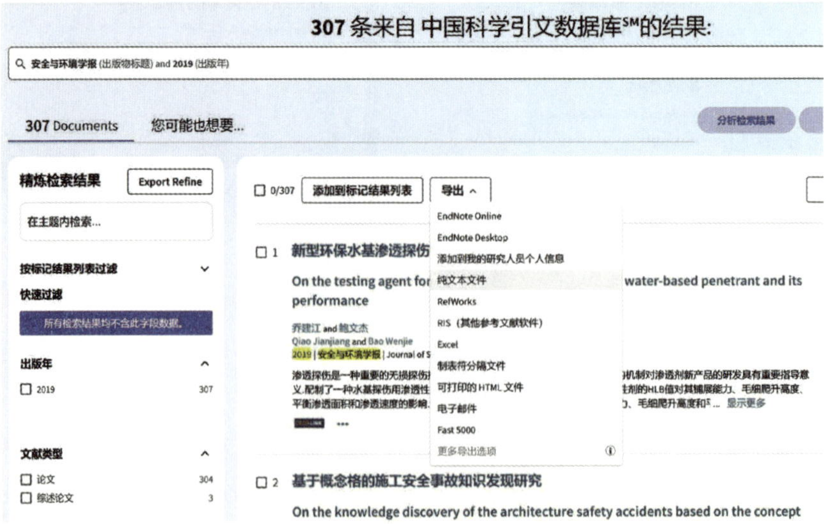

图3.17　CSCD数据检索结果

在数据导出的界面中，用户需要输入待导出的文献编号，记录内容选择"全纪录与引用的参考文献"（图3.18）。最后，点击"导出"以获得所检索的文献列表。这里所下载的纯文本文件仍然需要命名为download_xxxx的形式。

图3.18　CSCD文献的导出

3.3　典型数据源的预处理

在功能参数区中，用户可以通过Data→Import/Export进入数据预处理界面（图3.19）。目前，CiteSpace可以对来自WOS、Scopus、CNKI、CSSCI、Endnote、CSV、Dimensions以及PubMed的数据进行处理。对WoS的数据除了进行数据除重之外，还可以将其转换为其他工具可处理的格式进一步进行数据分析。对WoS以外的其他数据库，其核心任务是将其转换为WoS格式。此外，还可以借助MySQL对数据进行深入的分析和处理。

CiteSpace：科技文本挖掘及可视化

(a) CiteSpace数据预处理界面

(b) CiteSpace数据格式转换流程
将其他数据库的数据转换为WoS格式

图3.19 数据预处理模块及数据处理流程

3.3.1 数据除重处理

首先，用户需要建立两个文件夹，一个用于存储原始数据，一个用于保存除重后的数据。这里将保存原始数据的文件夹命名为Original data（该文件夹中放入按照要求下载和命名的数据），除重后的数据文件夹命名为Duplicates Removal（该文件夹初始为空）。

其次，在功能参数区中，通过Data→Import/Export进入数据的预处理模块。

最后，在Data Directories中加载原始数据文件夹和除重数据文件夹。即将原始数据加载到Input Directory，将保存处理后数据的文件夹加载到Output Directory（图3.20）。当数据加载之后，点击Remove Duplicates即可完成数据的除重（图3.21）。此外，在WoS数据预处理功能区中，还可以对数据进行过滤、合并和tab格式转换等操作。

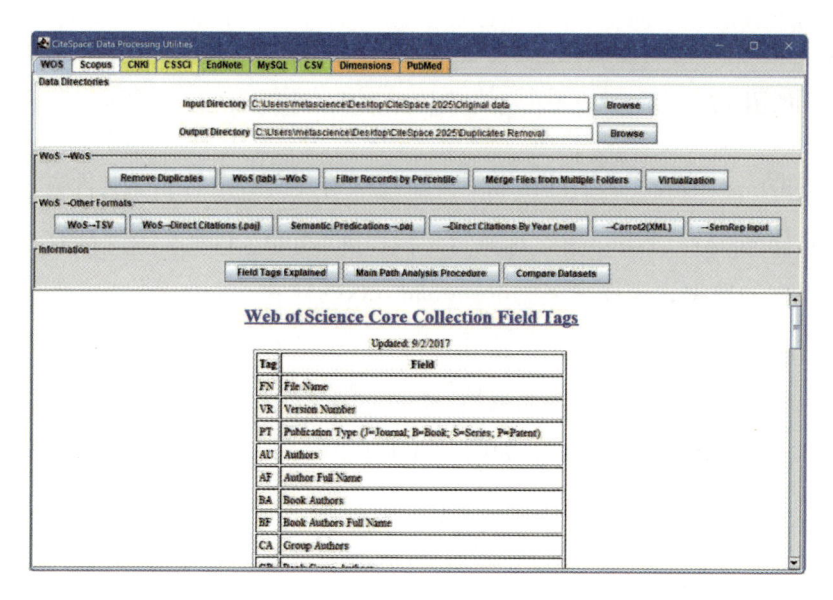

图 3.20　WoS数据的加载

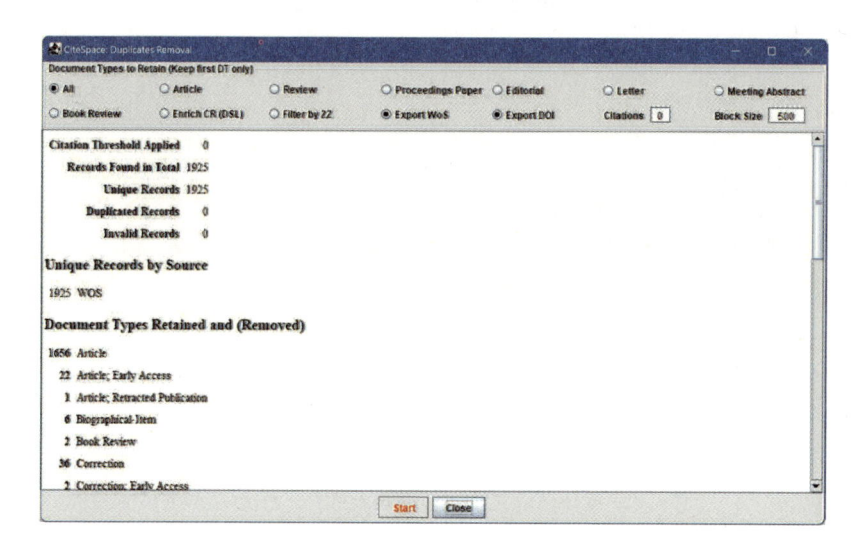

图 3.21　WoS数据的除重

3.3.2　数据格式转换

3.3.2.1　CNKI数据转换

在CNKI数据转换前建立两个文件夹，一个用于存储原始数据（可以命名为input），一个用于存储转换后的数据（可以命名为output）。这里待转换的数据来自CNKI（Reworks格式），因此在该界面中选择CNKI，进入数据的预处理模块，如图3.22所示。

点击Input Directory后的Browse，加载原始数据所在的input文件夹；点击Output Directory后的Browse，加载数据输出的output文件夹。需要注意：input文件夹中的数据，需要命名为download_xxx的样式。output为空文件夹，用于保存转换后的数据。最后，点击CNKI Format Conversion（3.1），完成数据格式的转换。当数据转换完成后，Status中会显示数据的处理情况Records Processed：1795.0（100.0%），如图3.23所示。

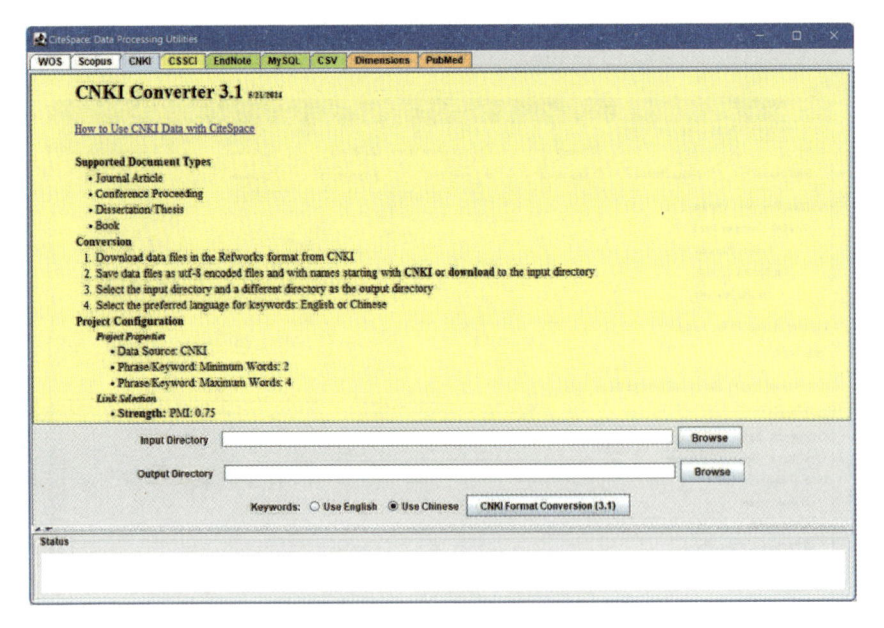

图3.22　CNKI数据的预处理模块

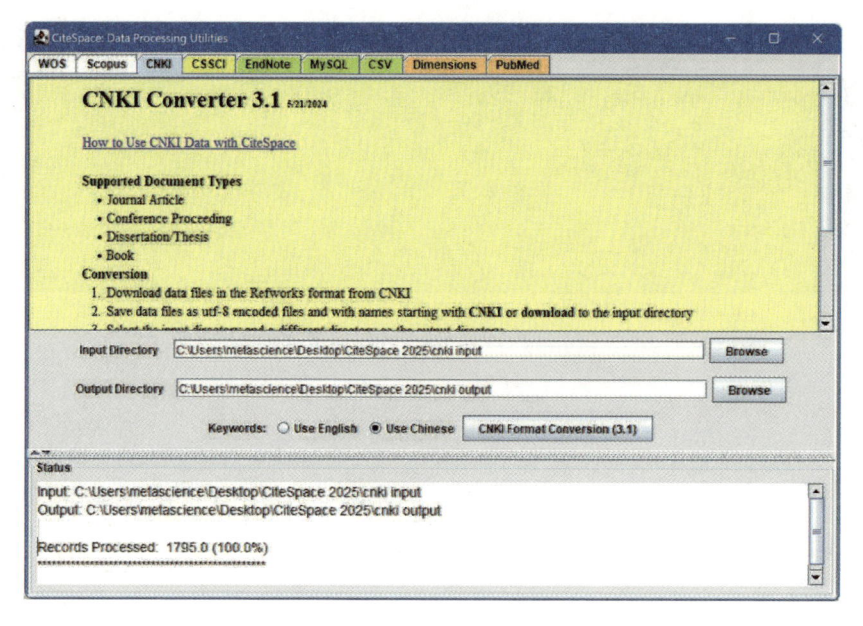

3 文献数据采集与处理
Literature Data Collection and Processing

图 3.23　CNKI 数据的转换

3.3.2.2　CSSCI 数据转换

CSSCI 与 CNKI 的数据格式转换过程类似：首先，建立 input 和 output 文件夹，分别用来保存原始数据和转换后的数据；其次，在 CSSCI 数据处理模块中分别加载 input 和 output 文件夹，并点击 Format Conversion；最后，提示 Files Processed（图 3.24），处理状态窗口 Status 中会同时显示具体的处理情况。例如，在本案例中，"Original Records：119"表示处理的论文有 119 篇，"Valid Record：119"表示处理的有效记录数为 119 篇，"Ratio of Valid Records：100%"表示处理的数据有效率为 100%，"Original References：5841"表示处理的原始参考文献数量为 5 841，"Valid References：5841"表示转换后有效的参考文献数量为 5 841，"Ratio of Valid References：100.0%"则表示转换后有效参考文献的占比为 100%。

CiteSpace：科技文本挖掘及可视化

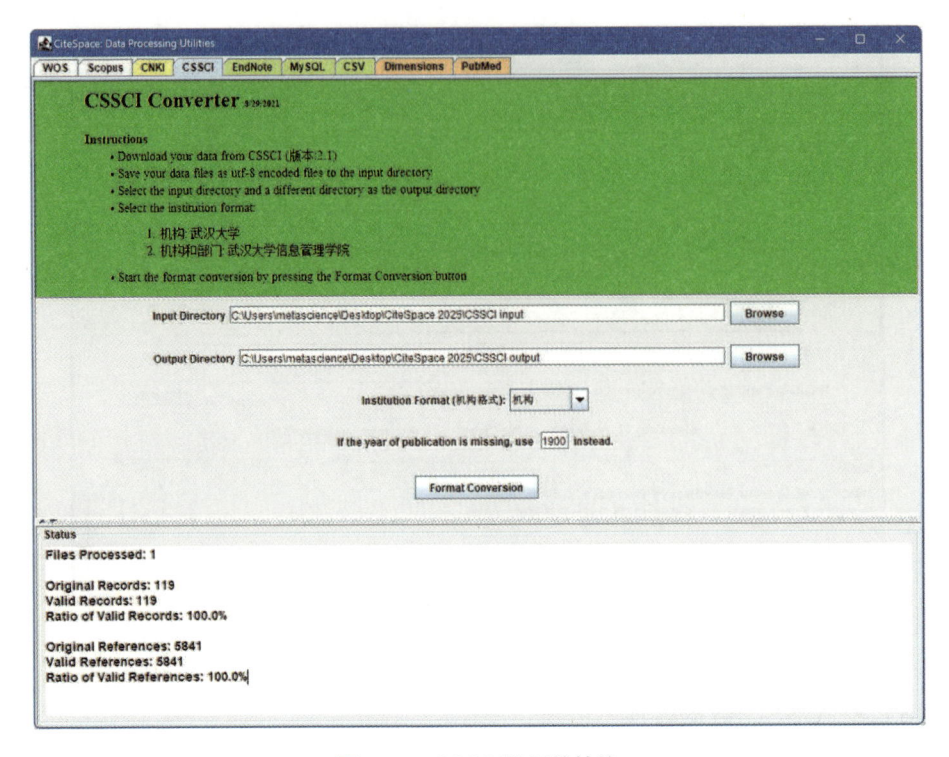

图3.24　CSSCI数据的转换

思考题

（1）使用CNKI数据库检索并下载主题为citespace的论文，并简要统计这些论文的年度分布、作者分布、领域分布以及来源期刊等。

（2）使用CSSCI检索主题为"智能情报"的文献，并统计分析该研究的数据分布情况。

（3）使用Web of Science获取Quantum Communication（量子通讯）的相关文献，并采用CiteSpace进行初步分析。

4 共被引网络的构建
Construction of Co-citation Network

4.1 共被引分析概述

文献共被引的概念最早于1973年由苏联学者依林娜·马沙科娃（Marshakova，1973）和美国科学计量学学者亨利·斯莫（Small，1973）分别提出。共被引分析（Co-Citation analysis）的含义是指，"若两篇文献共同出现在了第三篇施引文献的参考文献目录中，则这两篇文献就形成了共被引关系"。这样对一个文献空间数据集合进行共被引关系挖掘的过程就可以认为是文献的共被引分析。此外，在被引文献中还包含了作者和期刊的信息，因此，除了对文献进行共被引分析外，还可以提取文献中作者或期刊的信息，进行作者或期刊的共被引分析（White et al.，1981）。

文献共被引分析的基本原理如图4.1所示。图4.1（A）中，施引文献分别为pa1，pa2，⋯，pa4，它们的参考文献为pb1，pb2，⋯，pb5，由此共同组成了文献的有向引证网络。通过该引证网络，用户可以构建如图4.1（B）所示的文献共被引网络。我们通过有向引证网络A不难得出：pb1和pb4共被引频次为3，pb1和pb2的共被引频次为1。然而在实际的计算中，常常将原始的引证网络转化为0-1矩阵，如图4.1（C）。然后通过矩阵的乘法运算得到文献的共被引矩阵，如图4.1（D）。最后，用户就可以采用网络分析技术与方法，对文献的共被引矩阵进行可视化和网络计算。

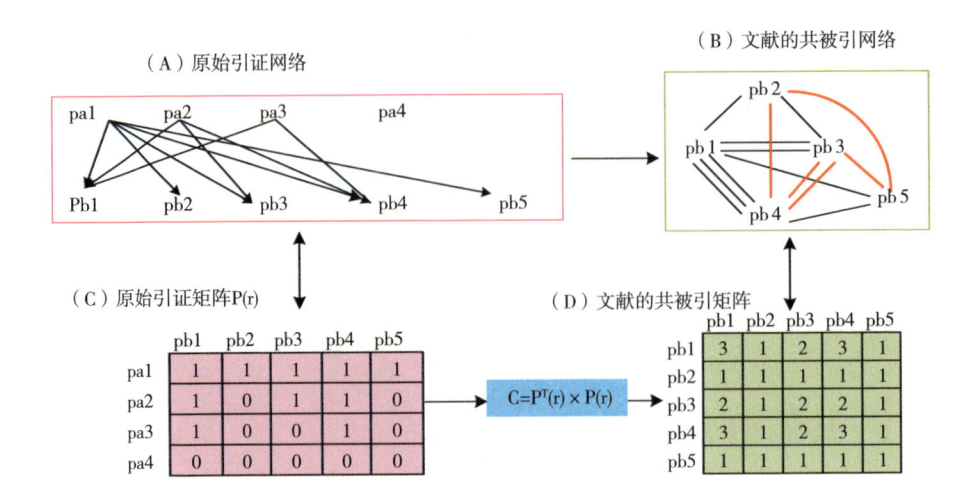

图4.1 文献共被引网络的构建（Van Raan，2014）

4.2 共被引图谱的构建

这里对来自Web of Science数据库、主题为锂电池火灾的论文进行分析[1]。数据采集的条件：①数据库为Science Citation Index Expanded（SCI-EXPANDED），1900-present；②检索式为（TS=（"lithium-ion batter*" OR "Lithium ion batter*" OR "Li ion batter*" OR "Li-ion batter*" OR "lithium-ion cell*" OR "Lithium ion cell*" OR "Li ion cell*" Or "Li-ion cell*"）AND TS=（"fire*" OR "Explos*" OR "Thermal runaway" OR "Thermal hazard*"））AND DOCUMENT TYPES:（Article OR Review）；③数据精炼条件为［excluding］DOCUMENT TYPES:（EARLY ACCESS）；④数据的时间窗口为Timespan：1900—2019（起始时间设置为1900年，是为了尽可能地采集到所有年份的WoS数据）。最后，检索共得到826篇论文。

第1步：数据分析参数的设置。

---

[1] 李杰. CiteSpace科技文本挖掘及可视化（第四版）配套课件、数据和扩展资料［EB/OL］
［2025-03-02］. https：//doi.org/10.5281/zenodo.14954855.

4 共被引网络的构建
Construction of Co-citation Network

进入CiteSpace功能参数区后，点击New新建项目。在弹出的新建项目窗口中，将项目命名为LIBFS，并在Project Home和Data Directory中分别加载project和data文件夹，其他参数的设置如图4.2所示。点击Save保存新建的项目，并在功能参数区中，将时间跨度设置为1996—2019，时间切片设置为2，阈值计算方法为g-index，规模因子输入25。最后，点击Start启动文献共被引网络的构建和分析（图4.3）。

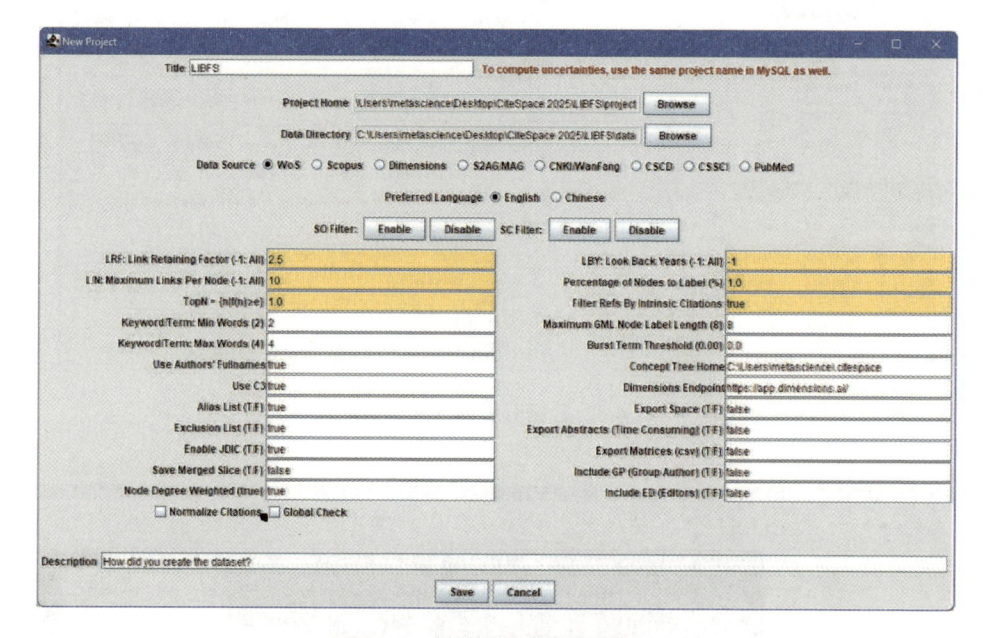

图4.2 新建项目参数设置区

第2步：数据运算及可视化。

网络计算完成后，会出现Your Options提示框，此时用户有三项选择：Visualize（可视化）、Save As GraphML（保存为GraphML格式）或Cancel（取消）。若用户认为一切运行正常，则可以点击Visualize对结果进行进一步的可视化分析。

需要注意的是，当用户点击Visualize进入可视化界面后，网络是在黑色画布背景下动态变化的（图4.4）。这表明为了得到一个结构清晰的知识网络，软件还在对网络的布局进行计算和优化。待网络可视化背景变为白色，则表示计算结束。若用户认为网络的结构已经基本稳定，也可以提前点击Ⅱ停止计算。

CiteSpace：科技文本挖掘及可视化

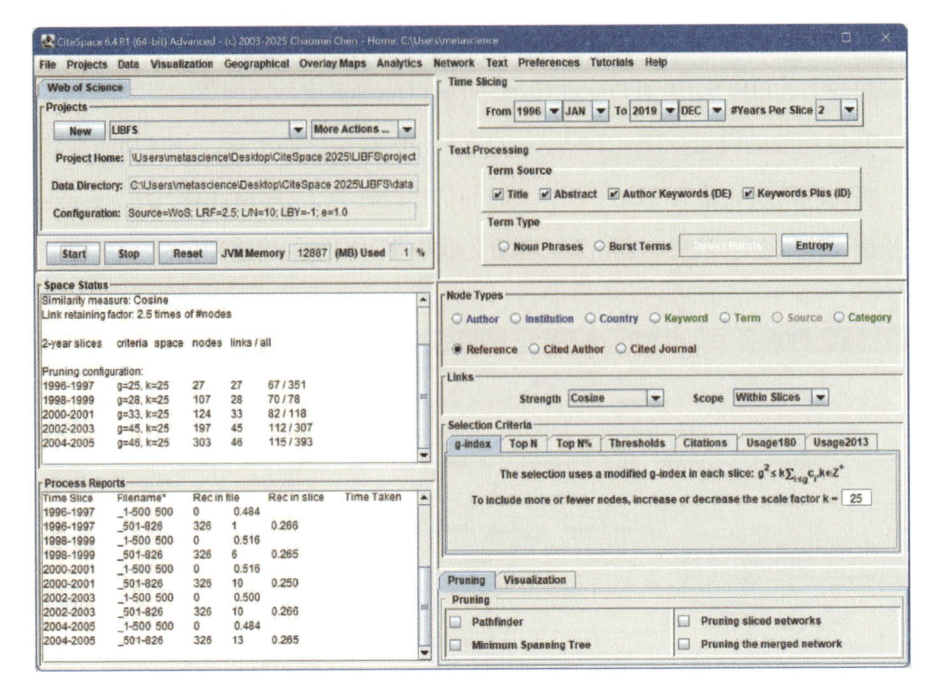

图 4.3　数据分析的功能参数区

图 4.4　CiteSpace运行后生成的初始网络

在文献的共被引网络中，节点的大小与论文的被引频次成正比，节点越大，则论文的被引次数越高。若两个节点之间存在连线，则表明两个节点所

4 共被引网络的构建
Construction of Co-citation Network

对应的文献存在共被引关系。节点与节点之间连线的颜色表示两篇论文首次共被引发生的时间。用户可以结合整个网络共被引关系颜色的变化，来探索领域演化的趋势特征。

第3步：共被引网络的聚类与命名。

CiteSpace中，不仅提供了对知识网络的聚类，而且通过主题挖掘技术实现了聚类标签的自动生成。用户可在可视化界面的快捷功能区直接点击 进入对当前网络的聚类分析。首先，软件会提示用户选择聚类标签的提取位置。可供选择的标签提取位置有施引文献的标题（T：Title words from citing articles）、关键词（K：keywords）、参考文献（R.Title words from cited references）以及研究领域（S.Subject Categories）等。执行完成以上分析后，用户便可以得到带有聚类标签的知识网络。同时，在网络可视化左上角会增加若干计算指标，如Modularity和Silhouette等，如图4.5所示。在默认环境下，知识网络的聚类标签是通过LLR算法提取的，除此之外，用户还可以使用LSI（潜语义分析）、MI（互信息算法）以及GPT等方法来获取聚类标签。

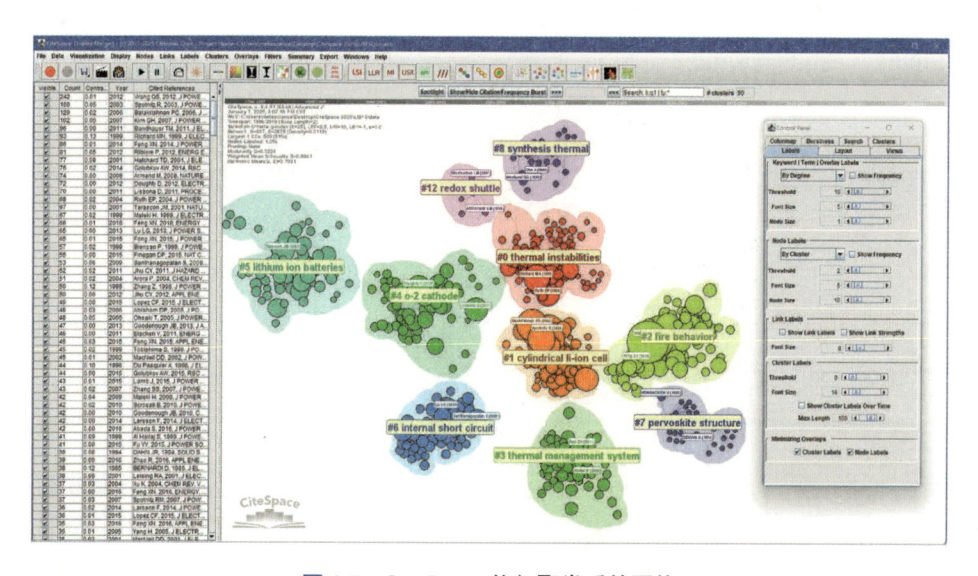

图4.5　CiteSpace执行聚类后的网络

第4步：对聚类信息的详细查询。

虽然在共被引聚类图谱中已经显示了各个聚类的标签信息，但对聚类细节信息的分析和比较仍不足。为此，专门在Clusters菜单中提供了两种对聚类结果进行查询的功能。一是通过Clusters→Summary table|Whitelists查询，如图4.6所示；二是通过Clusters→Cluster Explorer查询，如图4.7所示。需要注意的是，若用户要使用Cluster Explorer功能，则需要在完成网络聚类后，通过Save Cluster Information保存聚类结果。Cluster Explorer提供了一种深层次的聚类结果探索分析功能，能够详细地获取施引文献、被引文献及其聚类的信息，对用户理解聚类内容有重要意义。

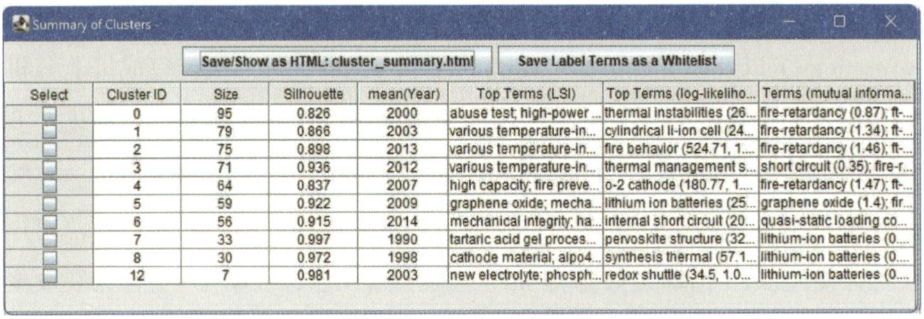

Select	Cluster ID	Size	Silhouette	mean(Year)	Top Terms (LSI)	Top Terms (log-likeliho...	Terms (mutual informa...
	0	95	0.826	2000	abuse test; high-power ...	thermal instabilities (26...	fire-retardancy (0.87); ft-...
	1	79	0.866	2003	various temperature-in...	cylindrical li-ion cell (24...	fire-retardancy (1.34); ft-...
	2	75	0.898	2013	various temperature-in...	fire behavior (524.71, 1....	fire-retardancy (1.46); ft-...
	3	71	0.936	2012	various temperature-in...	thermal management s...	short circuit (0.35); fire-r...
	4	64	0.837	2007	high capacity; fire preve...	o-2 cathode (180.77, 1....	fire-retardancy (1.47); ft-...
	5	59	0.922	2009	graphene oxide; mecha...	lithium ion batteries (25...	graphene oxide (1.4); fir...
	6	56	0.915	2014	mechanical integrity; ha...	internal short circuit (20...	quasi-static loading co...
	7	33	0.997	1990	tartaric acid gel proces...	pervoskite structure (32...	lithium-ion batteries (0....
	8	30	0.972	1998	cathode material; alpo4...	synthesis thermal (57.1...	lithium-ion batteries (0....
	12	7	0.981	2003	new electrolyte; phosph...	redox shuttle (34.5, 1.0...	lithium-ion batteries (0....

图4.6　Summary table|Whitelists聚类信息列表

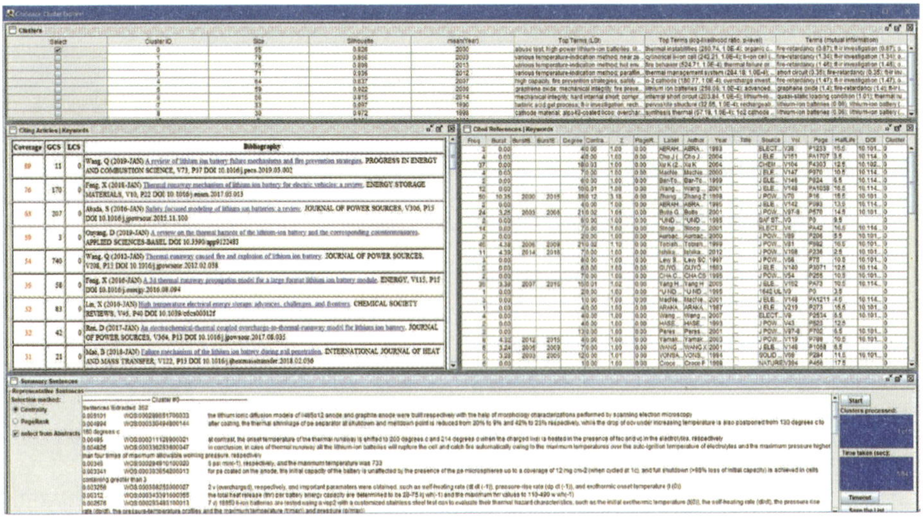

图4.7　Cluster Explorer聚类信息的探索分析

4.3 共被引图谱的调整

为了提升可视化结果的可读性，用户可以借助软件提供的可视化调整功能能进一步进行优化。例如，在可视化图谱中，可以对节点的大小、颜色和形状，对连线的权重、颜色、形式（直线或弧形）以及透明度等进行调整。

那么，当用户得到初始的可视化图谱时，应朝着什么方向调整呢？这里建议，可视化的调整要始终坚持"尽可能清晰地展示研究目的为基本准则"，即对图谱的调整是为了更清晰地呈现与研究目的直接相关的重要信息（在情报学上，可以认为是突出重要情报的展示）。下面介绍一些常见的可视化调整功能：

（1）节点与标签大小的调整。

在可视化图谱中，会存在节点或标签过大的情况。这往往会导致图谱混乱，不仅在视觉上缺乏美感，而且会直接影响到用户对可视化结果的解读。此时，用户可以在Control Panel（控制面板）的Labels功能区，对节点和标签的大小进行调节，如图4.8所示。用户只需要拖动相关项目上的游标，即可实现对标签或节点大小的调整。

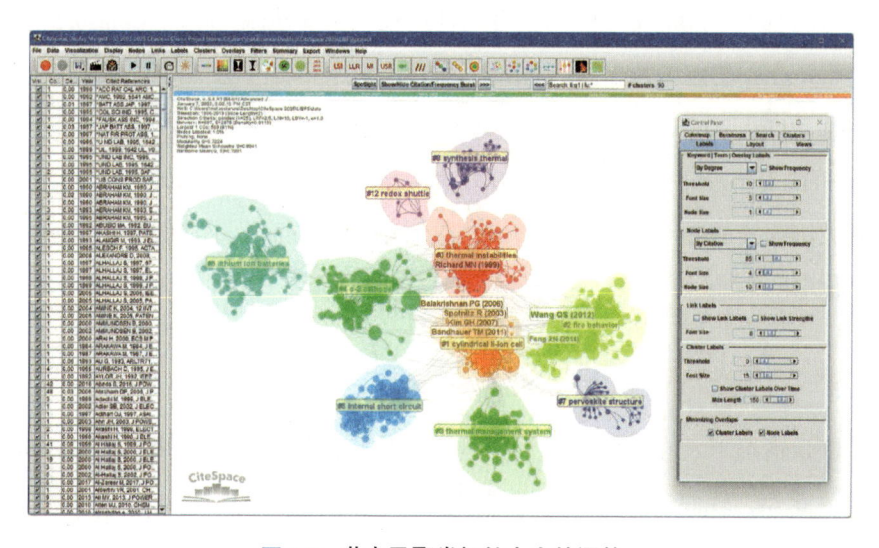

图4.8　节点及聚类标签大小的调整

（2）节点3D样式的调整。

在Display中，点击Show 3D Effects即可将网络中节点的显示转换为3D样式，如图4.9所示。

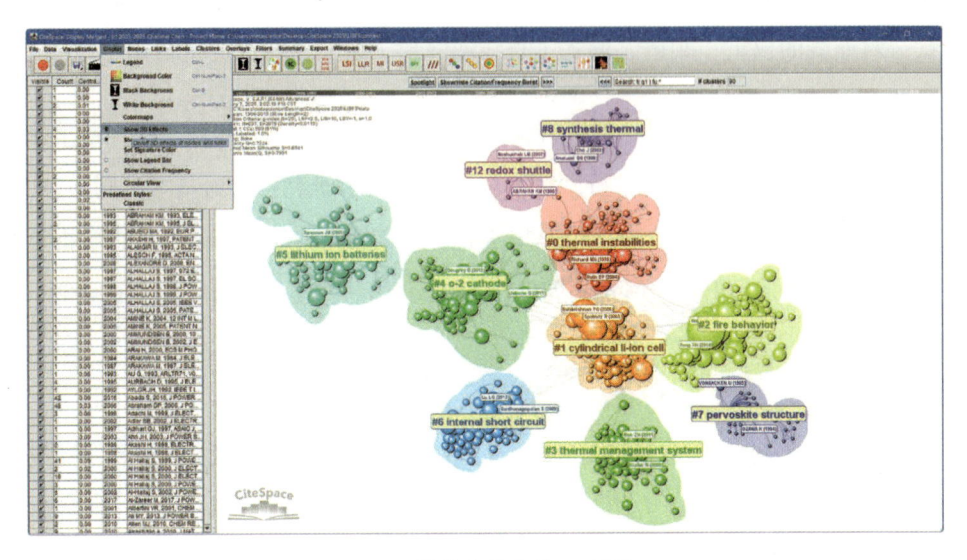

图4.9　网络中节点的3D显示

（3）对网络连线透明度的调整。

对网络中连线透明度的调整有两种途径：① 在控制面板（Control Panel）选择Colormap功能模块，进入图形元素色彩配置和透明度调整页面。在该界面中移动Link Alpha游标，即可实现对连线透明度的调整。② 在菜单栏选择Links→Link Transparency（0.0–1.0），然后输入透明度的数值即可。输入的数字越大则连线的透明度越低。例如，图4.10为"提高"了连线透明度后的文献共被引网络。

（4）对聚类填充颜色进行调整。

默认情况下，在聚类完成后，网络整体将形成不同的色块来表征不同的聚类。此外，软件还提供了按照施引文献或被引文献的平均年份来填充聚类

4 共被引网络的构建
Construction of Co-citation Network

的功能。用户只需要点击快捷菜单栏的 ，就可以将当前网络的色彩设置为按照时间信息填充的模式，如图4.11所示。

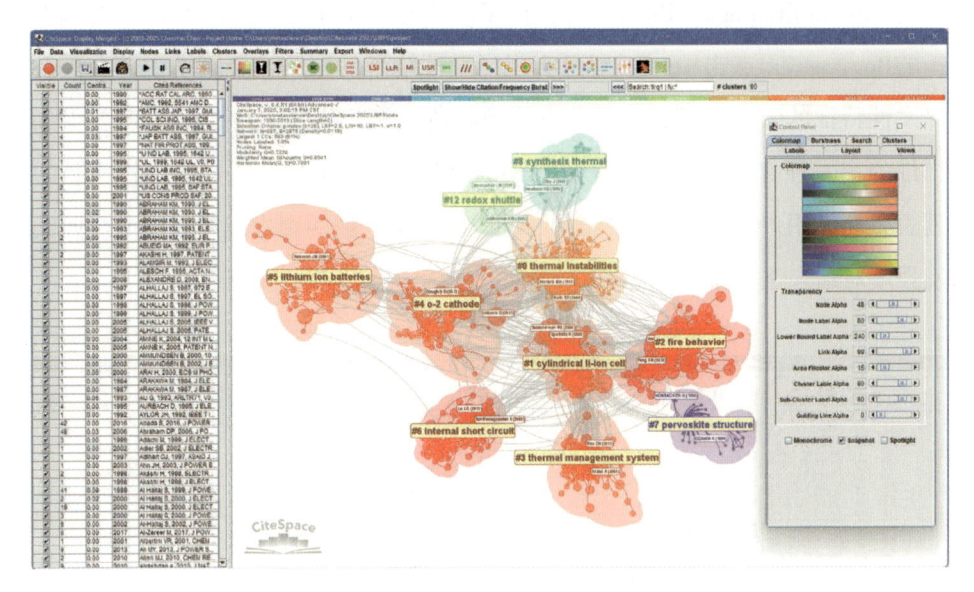

图4.10 网络中节点连线透明度的调整

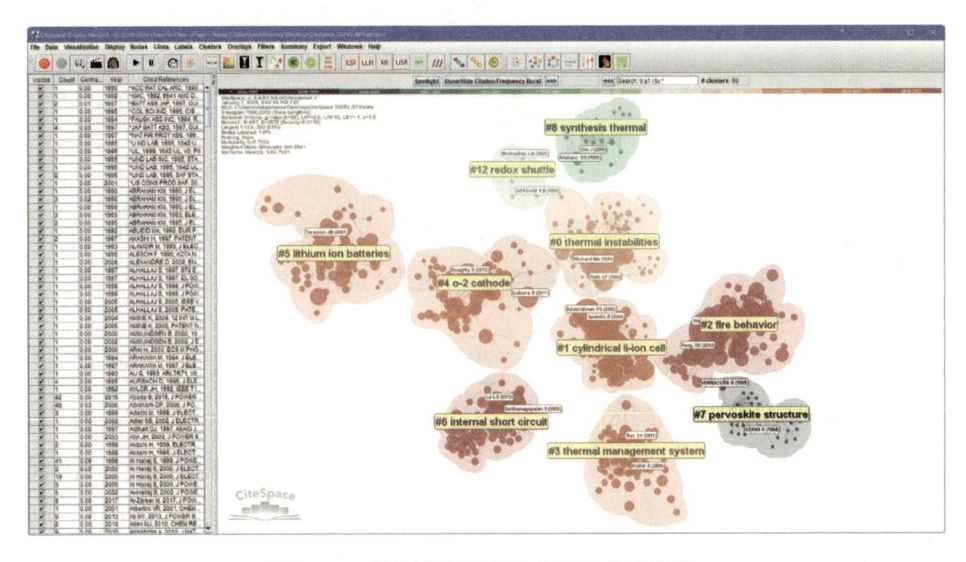

图4.11 按照聚类内部文献平均年份着色

（5）突发性探测。

CiteSpace中有两处功能可以实现引文的突发性探测：① 点击可视化界面中的Citation/Frequency Burst，可以直接得到突发性分析结果；② 选择控制面板的Burstness，点击Refresh即可实现突发性结果的探测。若网络中存在具有突发性特征的节点，那么这类节点将被红色填充，如图4.12所示。若要得到详细的突发性文献列表，可以在Burstness面板中点击View。在突发性文献的列表界面，用户还可以通过点击页面下方的Sort，按照突发起始时间或按照突发强度对结果进行排序（图4.13）。

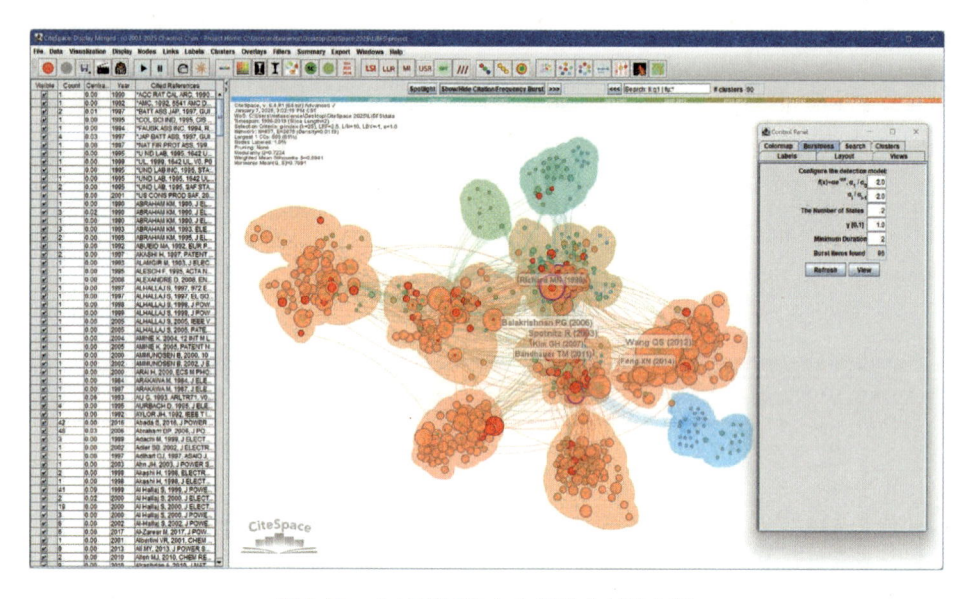

图4.12　共被引网络中突发性文献的标记

为了查询某个节点频次的年度趋势（出现次数或被引次数）和突发性发生的年份，用户可以在选中某个节点后，右击选择Node Details获得。例如，图4.14显示了论文Richard MN（1999）的被引趋势及突发性现象发生的区间。此外，通过图4.14所示窗口中的The Reference Cited in *** Records，可以获得引用当前文献的所有施引文献列表。

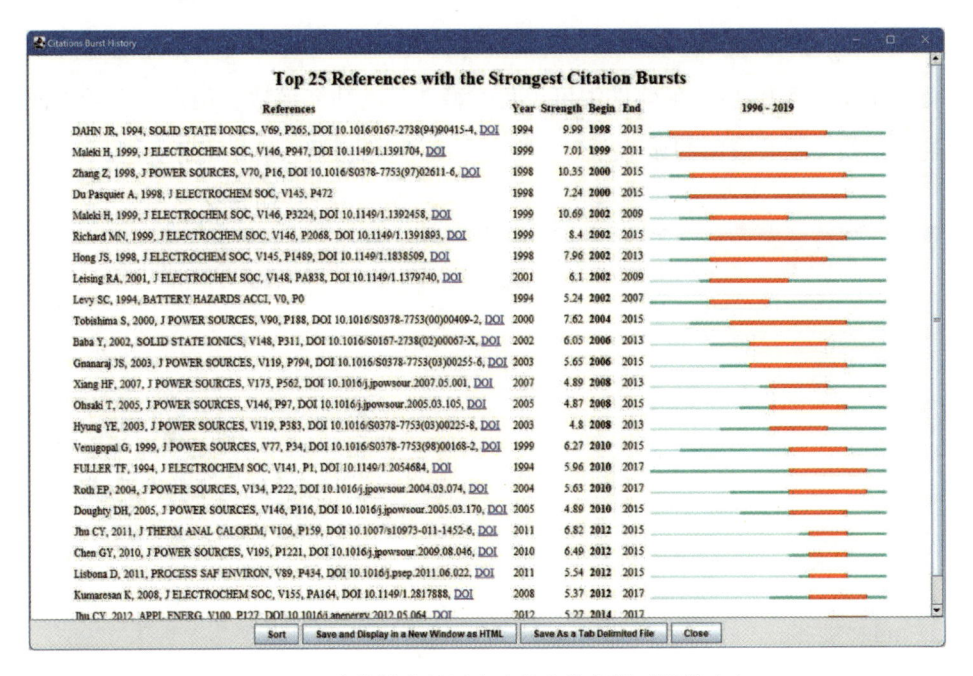

图4.13 突发性文献列表（按突发起始时间排序）

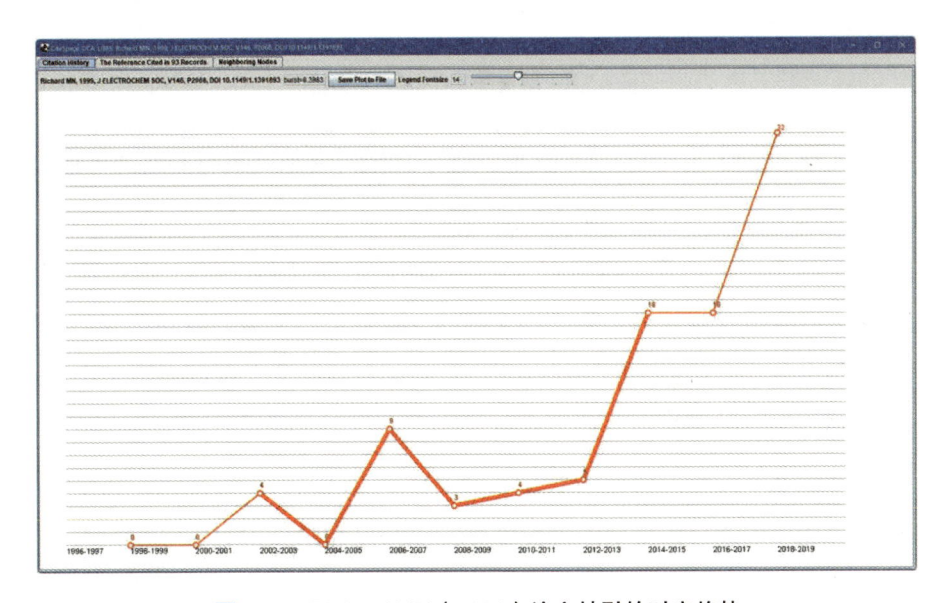

图4.14 Richard MN（1999）论文被引的时序趋势

（6）视图切换。

在文献共被引网络分析中，用户可以借助软件提供的时间线视图

107

（Timeline）、时区图（Timezone）以及密度图（Heatmap）等对结果进行可视化展示。图 4.15 显示了软件中可视化类型选择的功能模块，用户可以较为便捷地切换文献共被引的显示方式。

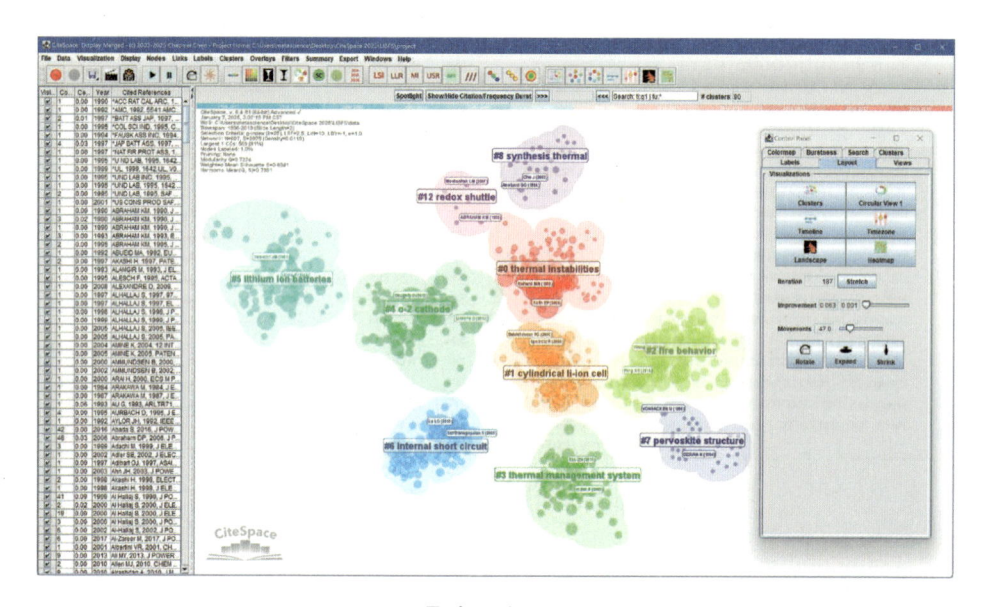

图 4.15　聚类图（Cluster view）

图 4.16 展示了采用Timeline（时间线）视图对文献共被引网络的可视化。在时间线视图中，来自同一聚类的文献被放置在同一水平线上。文献的时间信息置于视图的最上方，越向右，文献出版的时间越新。在时间线视图中，用户可以清晰地观察到各个聚类中文献的大致数量和聚类的时间跨度。聚类中文献越多，代表所得到的聚类越重要；时间跨度越大，反映对应聚类所研究的主题持续时间越长。此外，通过时间线上各类文献的时间跨度比较，还可以对该领域不同时期研究的兴起、繁荣以及衰落过程进行探索。在时间线视图中，还可以通过添加节点的突发性探测结果和中介中心性等指标来分析不同聚类的活跃度以及聚类间的潜在转折点。为了使得时间线视图更加清晰，用户可以在Control Panel（控制面板）的View中利用Fisheye进行可视化的调整。

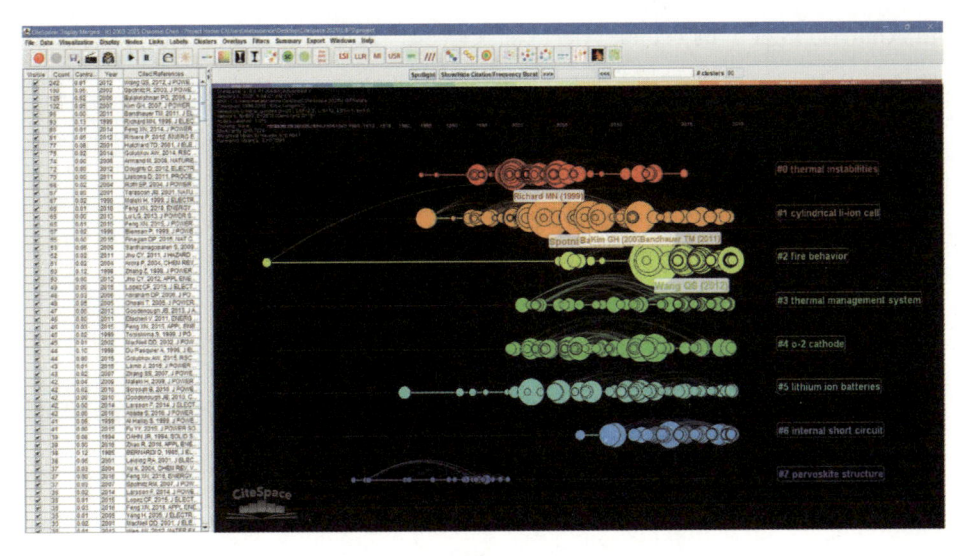

图4.16 时间线图（Timeline）

图 4.17 展示了使用Timezone（时区图）对文献共被引网络的可视化。时区图将相同时间段内的节点集合在了相同的时区中，这里的相同时间，对文献共被引网络而言是文献首次被引用的时间，对关键词或主题而言是它们首次出现的时间，对作者合作网络而言是作者首次发文的时间，时间序列按照从远到近的顺序排列。这种形式的可视化，能够清晰地展示时间维度上知识

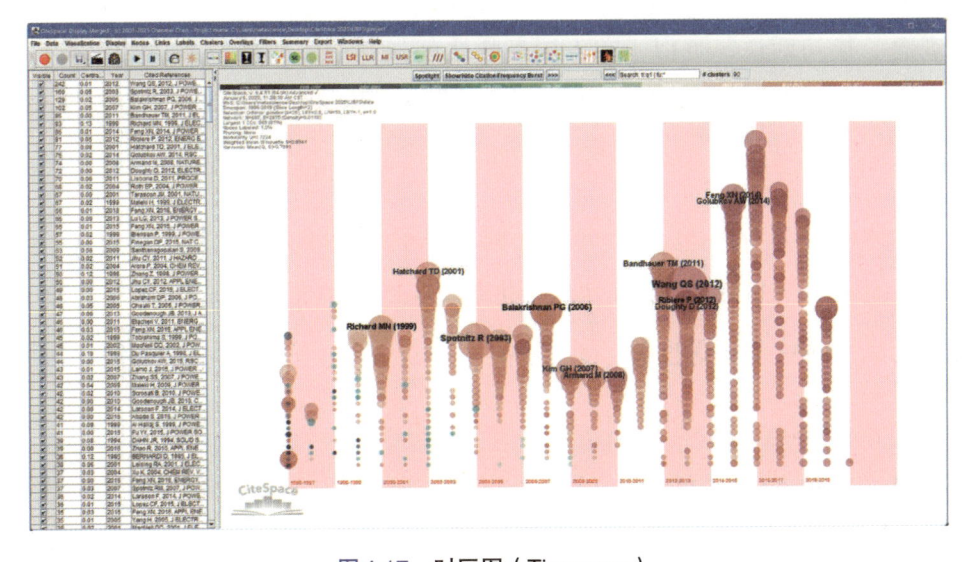

图4.17 时区图（Timezone）

109

领域的演进过程。例如，某一时区的文献少、节点小，则表明该时区有影响的成果比较少；反之，一个时区的文献集聚的比较多，表明该时区积累了大量有影响的成果。时区之间节点的连线情况，揭示了知识在时间维度的传承与发展。

4.4 共被引结构的变异

2012年，陈超美在 *JASIST* 上发表了论文《结构变异对引文次数的预测效应》，正式提出了引文结构变异理论（Theory of Structural Variation）。与此同时，作为一项重要的新功能，结构变异分析（Structural Variation Analysis，SVA）❶也被嵌入到了CiteSpace。结构变异分析是在文献共被引网络分析的基础上，进一步分析施引文献给文献共被引网络带来的变化，以探索一篇或者多篇论文在发表后，对网络整体结构产生影响的大小，并以此来发现文献在创新性方面的潜在影响力。

结构变异分析主要基于科学创造方面的研究，尤其是新颖的重组在创造性思维中的作用和影响。它主要基于以下观察：①科学发现或创新在很大的程度上具有一个共性，就是新思维能够容纳原本看似风马牛不相及的观念。换句话说，类似于在不同岛屿之间架起的一座新桥梁；②用来验证这座"新桥"上是否确实吸引了相关研究，使得领域之间很快变得车水马龙。

结构变异分析包含3个测度网络结构变异的指标，分别为MCR（Modularity Change Rate，模块性变化率）、CL（Cluster Linkage，聚类连接）以及C_{KL}（中心性分散度）。

---

❶ 陈超美. CiteSpace 4.0.R1 增加结构变异分析功能［EB/OL］.［2015-09-18］. https：//blog.sciencenet.cn/blog-496649-921630.html.

4 共被引网络的构建
Construction of Co-citation Network

（1）模块化变化率。

模块化变化率（MCR）是指由于知识系统中增加了某一（或一些）论文a，使得原来的知识系统增加了新的连接，并引起文献网络模块化的变化比率。例如，在一个文献共被引的基准网络中，节点n_i和n_j没有连接。当a论文同时引用了n_i和n_j，那么在n_i和n_j之间会产生一个新的连接，并添加到新的共被引网络中。在一个网络中，新添加的连接通常会引起网络模块性的变化。需要注意的是，这种变化并不是单调的，而是由连接所添加的位置决定的。

MCR的计算公式如下：

$$MCR(a) = \frac{Q(G_{\text{baseline}}, C) - Q(G_{\text{baseline}} \oplus G_a, C)}{Q(G_{\text{baseline}}, C)} \cdot 100$$

式中，G_{baseline}为基准网络，$G_{\text{baseline}} \oplus G_a$是论文a信息更新后的基准网络。$Q(G,C)$按照下式计算：

$$Q(G,C) = \frac{1}{2m} \sum_{i,j=0}^{n} \delta(c_i, c_j) \cdot \left(A_{ij} - \frac{\deg(n_i) \cdot \deg(n_j)}{2m} \right)$$

式中，m是网络G中边的总数；n是G中节点总数；$\delta(c_i, c_j)$为克罗内克函数，若n_i和n_j属于相同的集群，则$\delta(c_i, c_j) = 1$，否则$\delta(c_i, c_j) = 0$；$Q(G,C) \in [-1, 1]$。

（2）聚类连接。

聚类连接（CL）是指新增论文a所产生的新连接与之前网络中连接的差异。CL的计算公式如下：

$$CL(a) = \Delta \text{Linkage}(a) = \text{Linkage}(G_{\text{baseline}} \oplus G_a, C) - \text{Linkage}(G_{\text{baseline}}, C)$$

（因为Linkage（$G + \Delta G$）$\geqslant$ Linkage（G），因此CL是非负的。）

式中，Linkage（G,C）为连接计量指标：

$$\text{Linkage}(G,C) = \frac{\sum_{i \neq j}^{n} \lambda_{ij} e_{ij}}{K}, \quad \lambda_{ij} = \begin{cases} 0, & n_i \in c_j \\ 1, & n_i \notin c_j \end{cases}$$

λ_{ij}为边函数，它与$\delta(c_i,c_j)$的定义相反。若一条边连接了不同的聚类，那么$\lambda_{ij}=1$；对同一个聚类内的边而言，$\lambda_{ij}=0$。与模块化度量相反，λ_{ij}主要将注意力放在聚类之间的联系上，而不考虑相同聚类内部的联系。聚类连接这一新的计量指标是所有聚类间连线e_{ij}被K等分之后的权重总和，K是网络的聚类总数。

（3）中心性分散度。

中心性分散度（C_{KL}）根据基准网络节点v_i的中介中心性$Cb(v_i)$分布的分散度来进行测度，即通过文献a所引起的$Cb(v_i)$分布的分散度来进行计算。其计算公式如下：

$$C_{KL}(G_{\text{baseline}},a) = \sum_{i=0}^{n} p_i \cdot \log\left(\frac{p_i}{q_i}\right)$$

式中，$p_i = C_B(v_i, G_{\text{baseline}})$，$q_i = C_B(v_i, G_{\text{updated}})$；对于$p_i=0$或$q_i=0$的节点，为了避免出现$\log(0)$的情况，将其设置为一个很小的数值。

CiteSpace中运用SVA的基本过程如图4.18所示。

下面结合具体的实例，对SVA进行介绍。

第1步：开启SVA功能。

在功能参数界面的Analytics菜单中，选择Structural Variation Analysis（SVA），开启SVA功能（图4.19）。在本部分的数据分析中，使用thermal explosi_1415热爆炸研究的案例数据来演示说明。

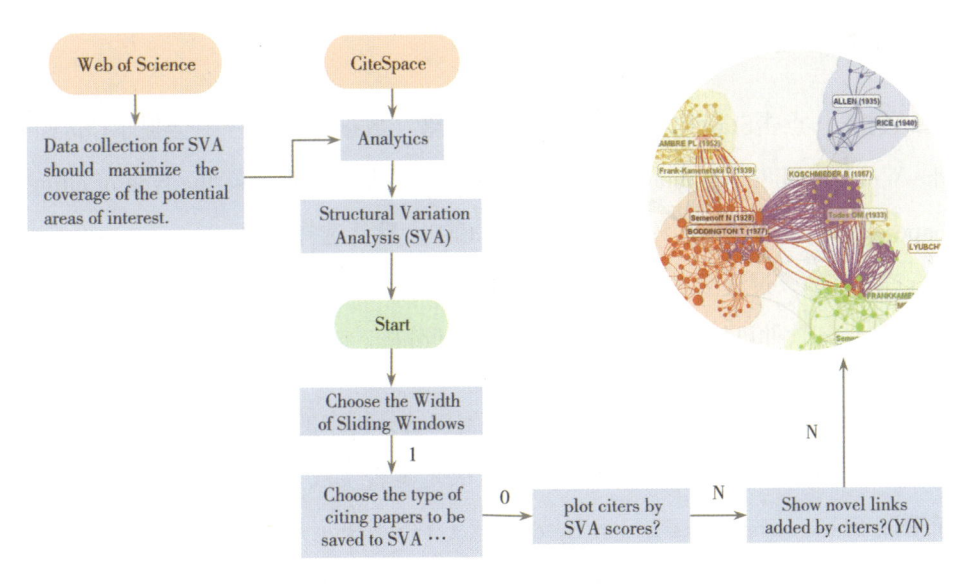

4 共被引网络的构建
Construction of Co-citation Network

图4.18　SVA的详细步骤

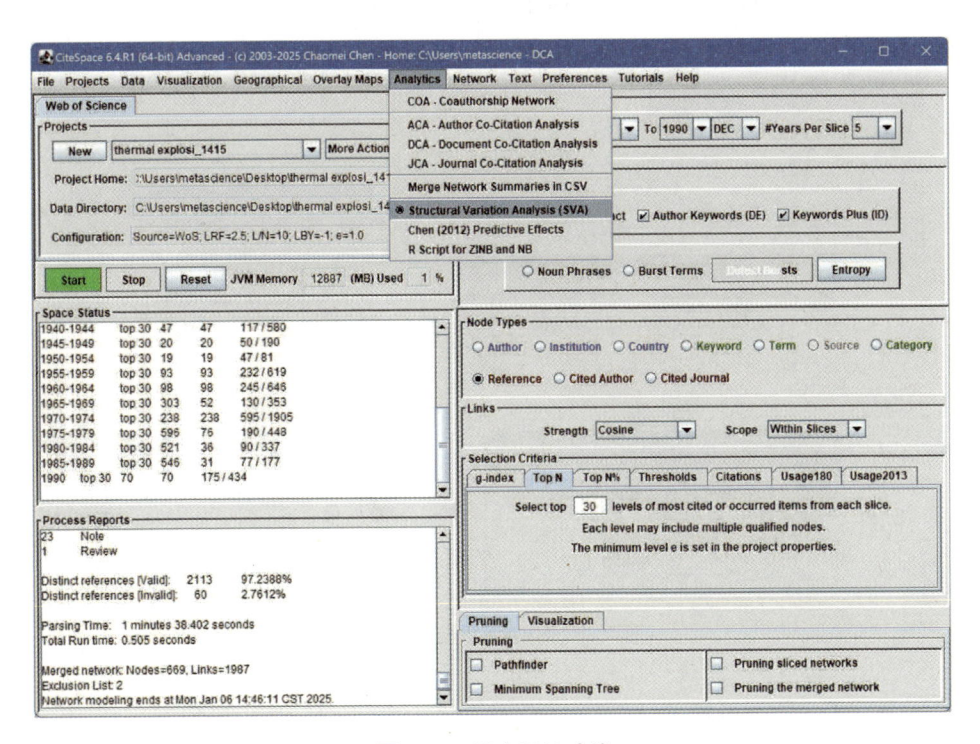

图4.19　开启SVA功能

113

第2步：数据分析。

首先，点击Start构建文献的共被引网络。数据分析过程中会提示Choose the Width of Sliding Windows，默认选择1；接着提示：Choose the type of citing papers to be saved to sva_1935-1939-1990.CSV，默认选择0-all papers regardless，并点击OK。该过程会在project文件夹中生成一个类似于SVA_1935-1939-1990的文件，该软件可以支撑后来进一步的统计分析。

在以上步骤的基础上，需要进一步对SVA分析中的参数进行设置。其中，Plot citers by structure variation?（Y/N）决定是否生成一幅施引文献的点状分布图；Show novel links added by citers?（Y/N）决定是否列出所有探测到的新连接，默认都选择OK后，按照提示点击Visualize对所分析数据进行可视化。SVA的参数设置，如图4.20所示。

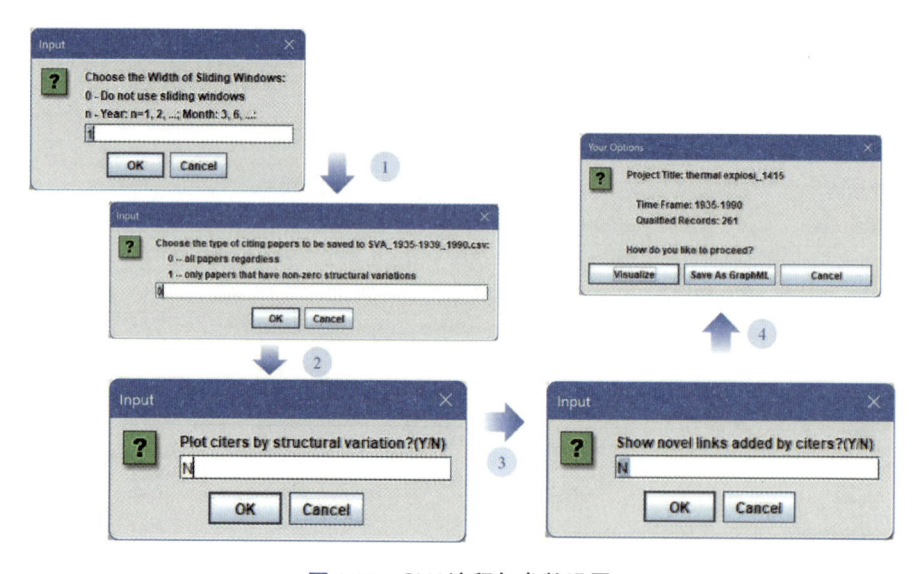

图4.20　SVA流程与参数设置

第3步：数据可视化。

进入可视化界面后，界面的左侧不仅列出了被引文献的信息，还列出了施引文献的信息。同样地，用户也可以对SVA分析得到的文献共被引网络进行聚类分析，如图 4.21 所示。在左侧新增的施引文献列表中，包含了多项反映网络结构变异的指标结果（图 4.22）。其中，最为核心的指标分别为：①模块变化率 ΔModularity；②聚类间连接变化 ΔC−C Linkage；③中心性分布的变化 ΔCentrality。每个指标从不同方面测度了由一篇施引文献的发表所引起的基准网络结构的改变程度。

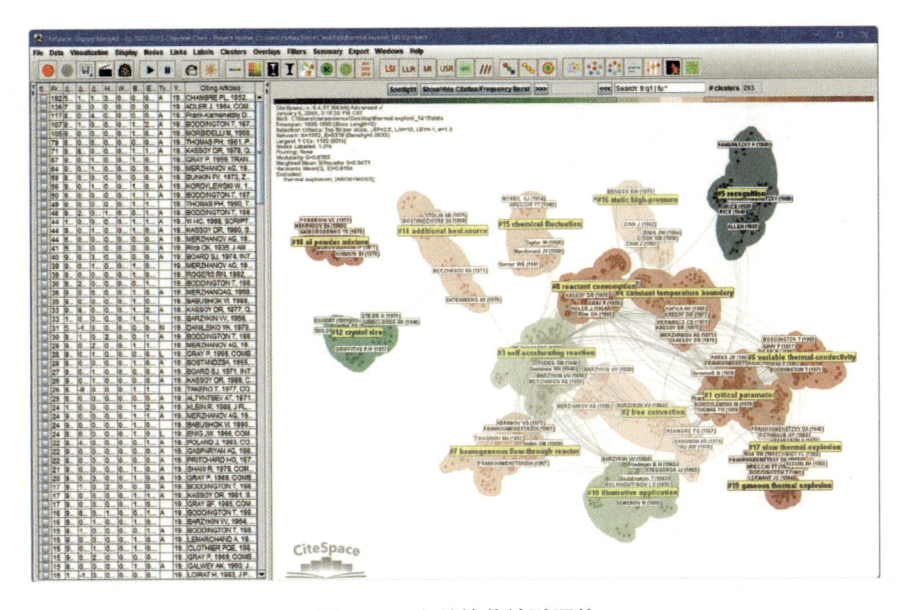

图 4.21　文献的共被引网络

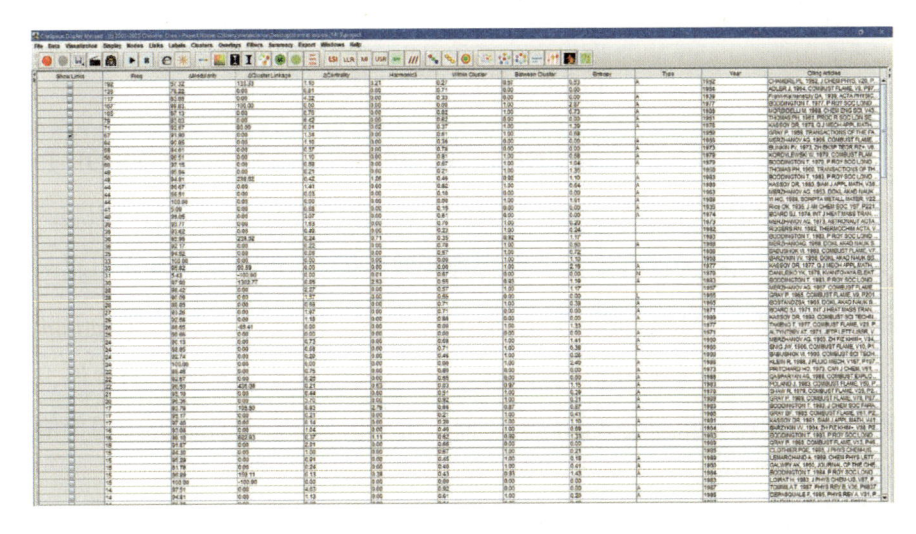

图 4.22　SVA施引文献计量指标

在施引文献列表中，选择一篇或一组文献，可以在可视化结果中考察由这些文献引起的共被引网络结构的变化。选中施引文献后，会出现红色连线（新增加连接）、粉红色连线（已有连接）以及红色五角星的文献（本身被引达到选择要求的新文献）。默认情况下，这些突出显示的连线文献的标签是隐藏的，用户可以通过菜单栏Overlay Show/Hide Overlay Node Labels来显示标签（图4.23）。

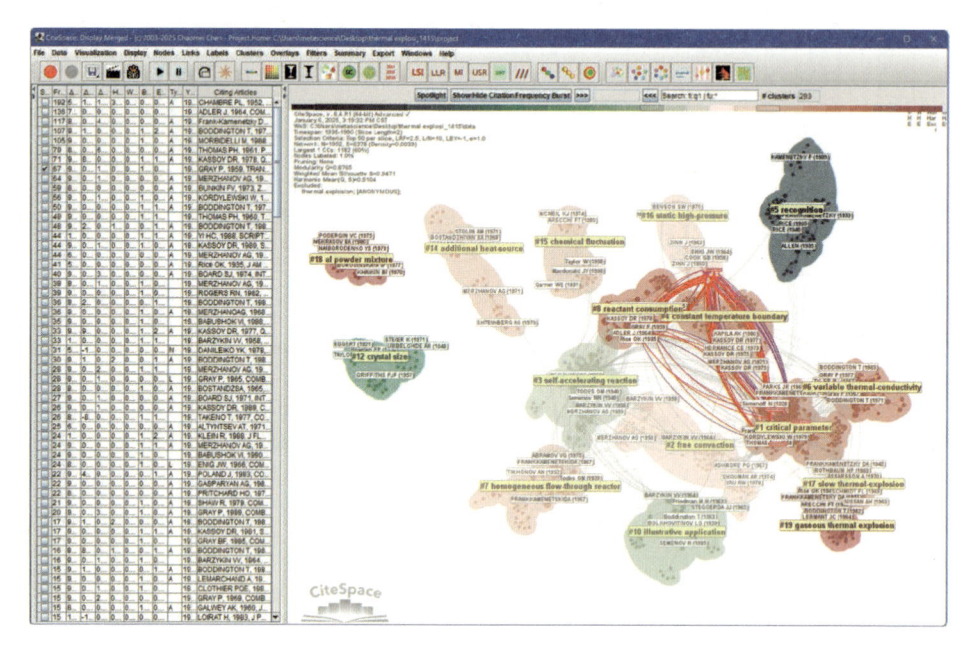

图4.23　SVA的网络可视化

例如，图 4.24 显示了论文GRAY P，1959，TRANSACTIONS OF THE FARADAY SOCIETY，V55，P581，DOI 10.1039/tf9595500581发表后所引起的网络变化。图中实线为已有连接，虚线为新增连接。GRAY论文发表引起网络的模块度变化（ΔModularity）达到91.90，中心性分布变化（ΔCentrality）达到1.34。对于该文献在热爆炸整体知识结构塑造及其发展中的价值，作者需要进一步深入到该论文的内容层面，来挖掘其在热爆炸研究中的价值和贡献。

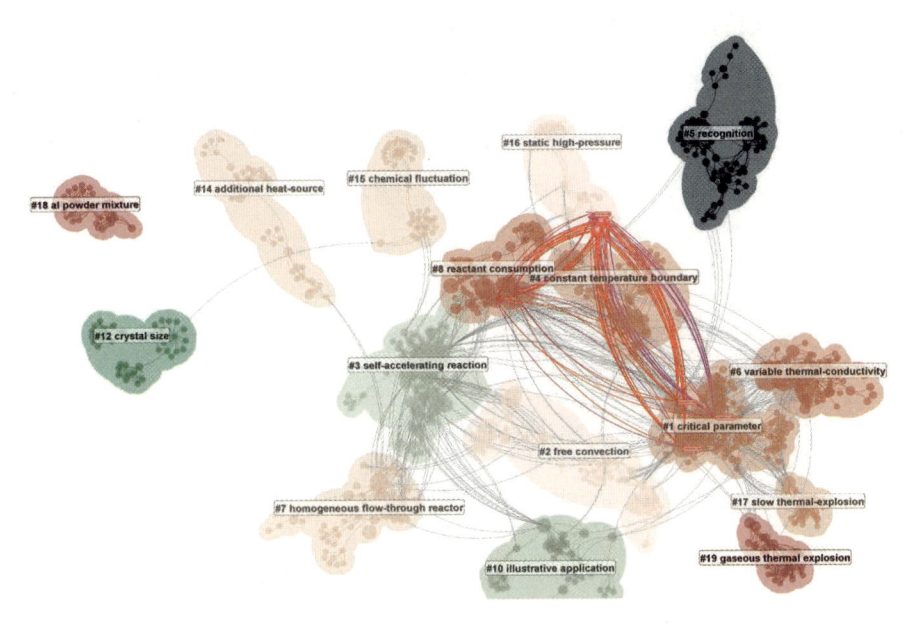

图4.24　GRAY论文发表后引起的网络结构变化

4.5 作者和期刊共被引

作者的共被引（Authors Co-Citation）和期刊的共被引分析（Journals Co-Citations）是在文献共被引的基础上衍生出来的分析方法。为了帮助读者认识不同层面的共被引分析，我们首先从认识一篇被引文献开始。

在如图4.25所示的文献中，包含了作者Small H G；论文题目A Co-Citation Model of a Scientific Specialty：A Longitudinal Study of Collagen Research以及论文所发表的期刊*Social Studies of Science*等信息。文献的共被引分析是以整条文献作为一个知识单元来进行分析的。与其不同的是，作者和期刊的共被引分析则是以该条题录数据所包含的作者和期刊作为分析单元来进行的。因此，作者和期刊的共被引与文献的共被引在揭示科学知识结构和特征上存在显著差异。作者的共被引分析不仅可以揭示某个领域中高被引作者分布，确定该领域有影响的学者，而且通过作者的共被引网络及其聚类，还对于从作者层面揭示科学领域的知识结构也有重要价值；期刊的共被引分析则提供了识别特定领域重要知识来源（或情报源）的方法，可以帮助用户了解当前领域主要引用了哪些期刊（或者受到了哪些期刊的影响），以及这些期刊由于共被引所形成的领域，其较为宏观的知识结构是怎样的。

作者
论文题目
Small H G. A Co-Citation Model of a Scientific SpecialtyA Longitudinal Study of Collagen Research [J]. Social Studies of Science, 1977, 7 (2):139-166.
来源出版物
出版年份，卷（期），页码范围

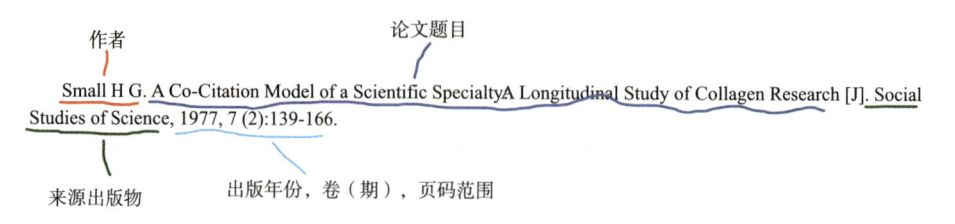

图4.25　Web of Science中一篇参考文献的主要组成要素

这里以热爆炸（1935—1990）[1]作者的共被引分析为例，演示如下：

准备好待分析数据集后，在功能参数区点击New来新建分析项目。在新建项目（New Project）的页面中，按照图 4.26 来设置相关参数。项目新建完成后，点击Save保存参数设置结果，并返回到功能参数区。在功能参数区中，将数据的时间范围设置为 1935—1990，时间切片为 1，阈值参数设置为g-index（默认选项），规模因子 k 设置为 25。由于分析的是被引作者，这里的Node types选择Cited Author，网络连线强度采用默认的Cosine标准化方法。

完成参数配置后，点击Start启动数据的分析任务。最后，分析得到热爆炸作者的共被引网络，如图 4.27 所示。在作者的共被引网络中，节点或标签越大，则表示对应作者的被引频次越高。节点与节点之间的连线表示作者与作者之间的共被引关系。用连线的颜色来表示两位作者首次建立共被引关系的时间（即首次共被引时间）。对图谱中颜色变化趋势的判断，用户可以参考图谱上方的色带。

---

[1] 李杰. CiteSpace科技文本挖掘及可视化（第四版）配套课件、数据和扩展资料［EB/OL］. ［2025-03-02］. https://doi.org/10.5281/zenodo.14954855.

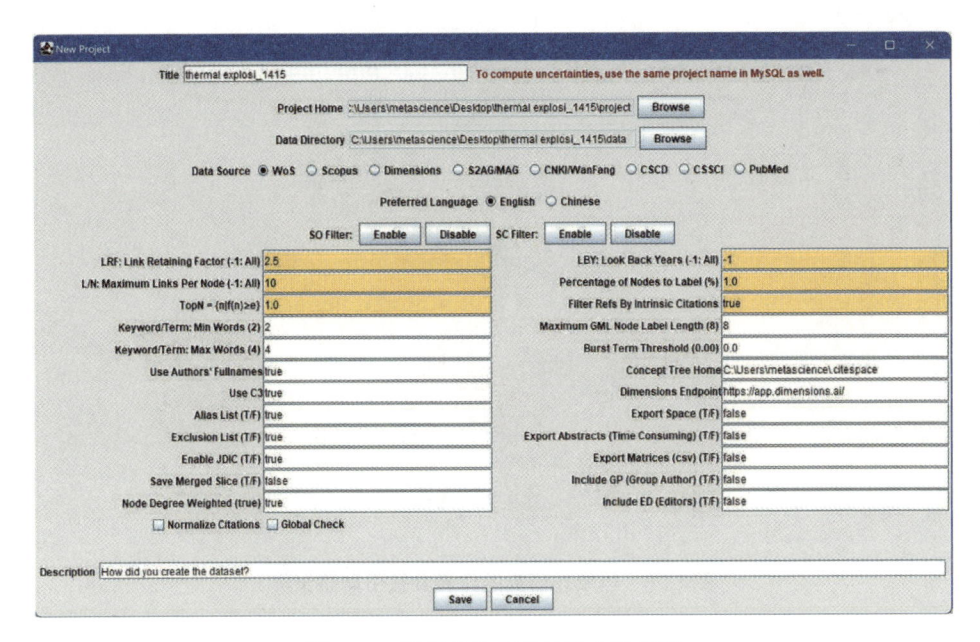

4 共被引网络的构建
Construction of Co-citation Network

图 4.26　热爆炸作者共被引参数设置

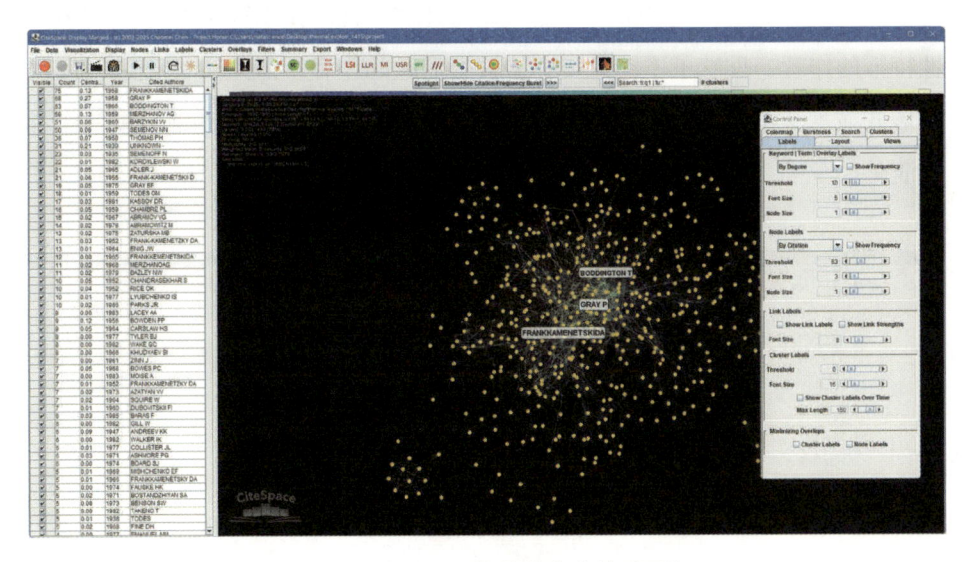

图 4.27　热爆炸研究的作者共被引网络

对热爆炸研究的作者共被引网络进行聚类，如图 4.28 所示。根据作者共被引的关系强度，将作者划分在不同的类群中。完成聚类操作后，软件将默认通过 LLR 算法从施引文献的标题中提取聚类的标签。

119

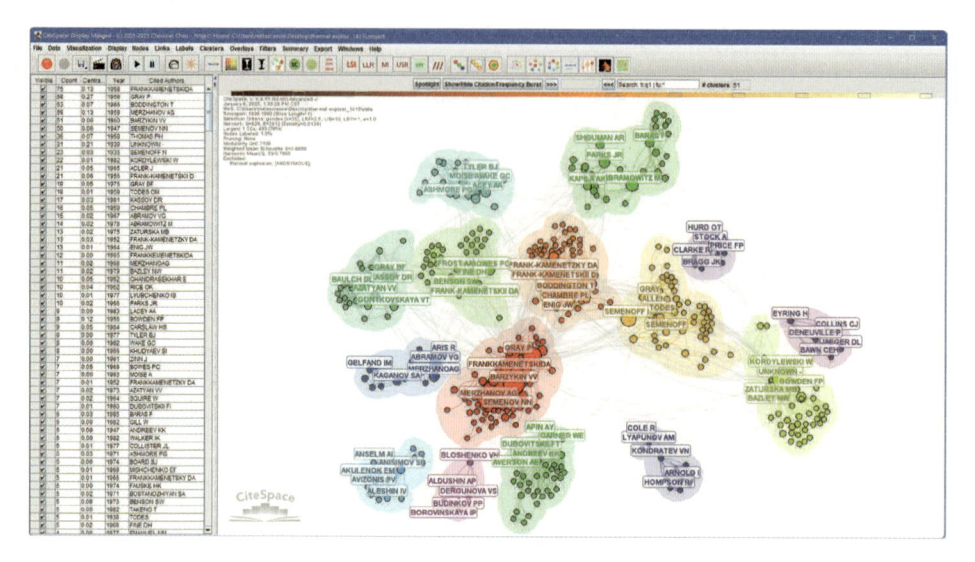

图4.28 热爆炸研究的作者共被引网络聚类

作者的共被引分析中，同样可以进行被引作者的突发性探测分析，分析的结果如图 4.29 和图 4.30 所示。图 4.29 的作者共被引网络中展示了具有突发性特征的作者，反映了不同聚类中的被引活跃的作者；图 4.30 则是以时间线的形式显示了不同时期热爆炸被引活跃的学者，直观地呈现了领域重要作者的演化。

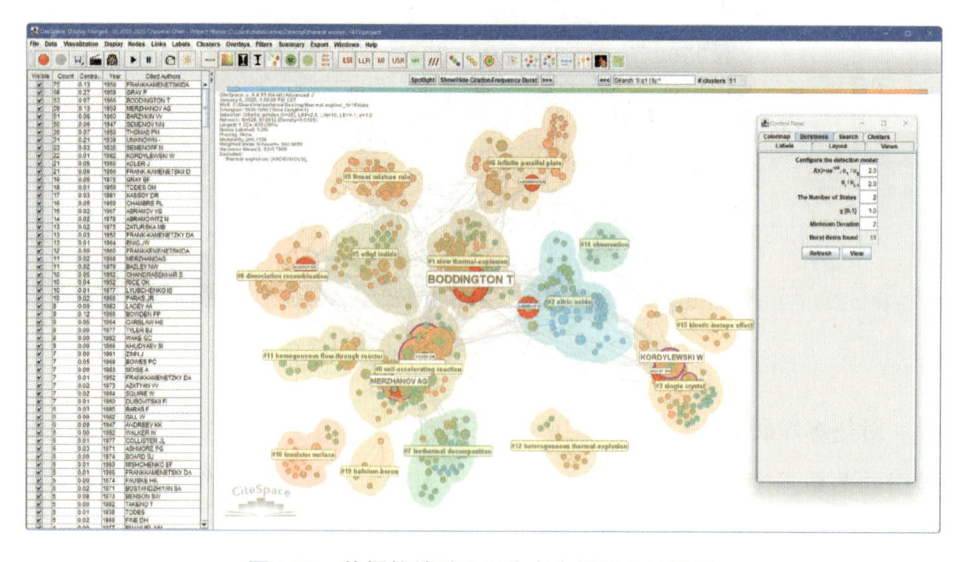

图4.29 热爆炸被引突显作者在网络中的显示

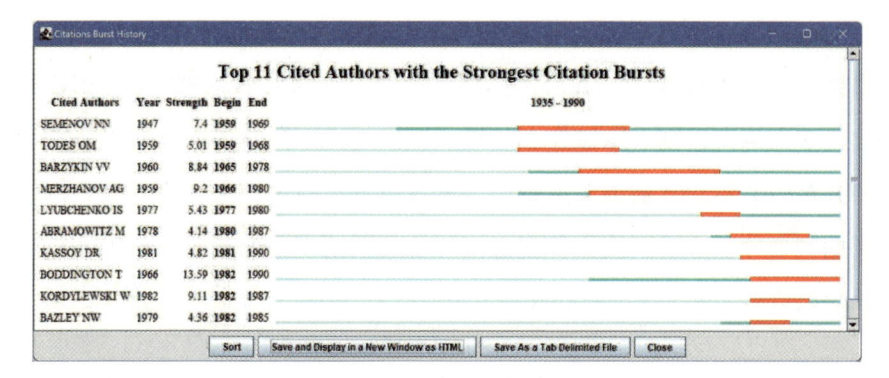

图4.30 热爆炸被引突显作者的时间趋势显示

对期刊的共被引分析，我们仍以热爆炸的案例数据为例进行如下演示：

首先，在CiteSpace功能参数区中进行相关参数的设置。这里将分析的时间区间设置为1935—1990，时间切片设置为2，数据筛选阈值设置为g-index，k=25。此时，Node Types（节点类型）选择为Cited Journal，网络连线强度计算方法默认为Cosine，如图4.31所示。最后，点击Start启动对数据的分析。

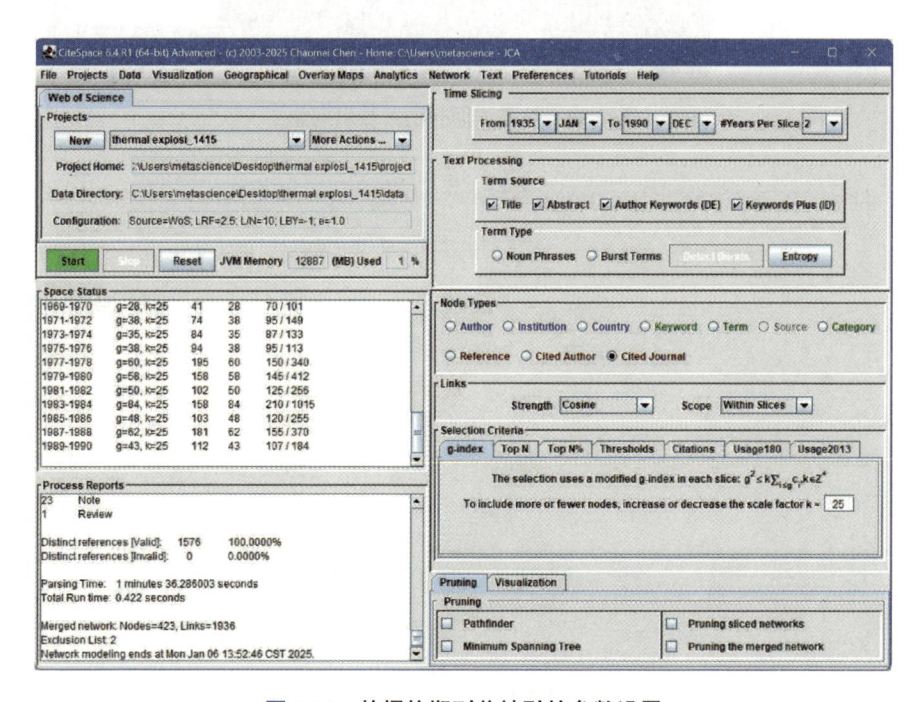

图4.31 热爆炸期刊共被引的参数设置

图 4.32 为初始的热爆炸期刊的共被引网络，对其进行网络的聚类分析，所得结果如图 4.33 所示。在聚类网络图中，节点的大小与期刊的被引次数成正比，节点越大，则表示该期刊的被引频次越高。网络中的连线表示期刊之间的共被引关系，共被引关系越强，连线越宽。通过结果不难发现，网络聚类将期刊划分在了不同的类群中。这对于从领域重要期刊维度认识知识基础以及知识结构提供了一种新的视角。

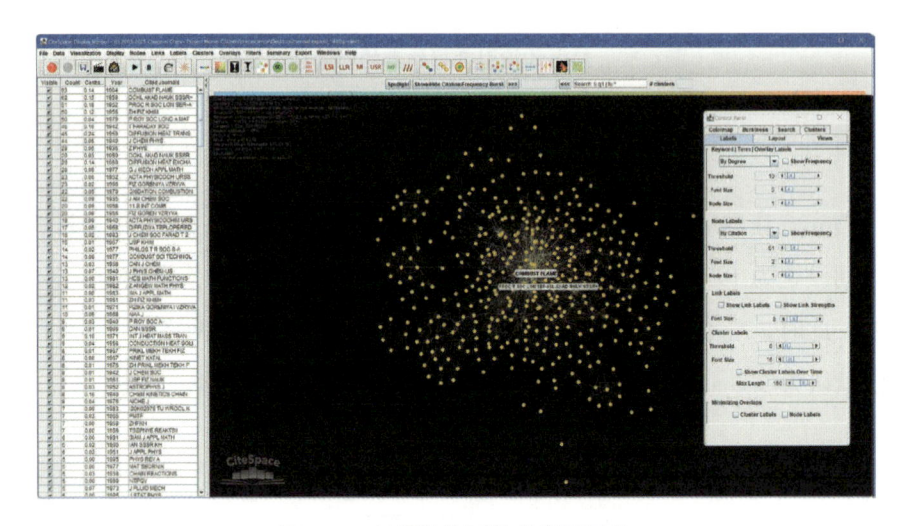

图 4.32　热爆炸期刊的共被引网络

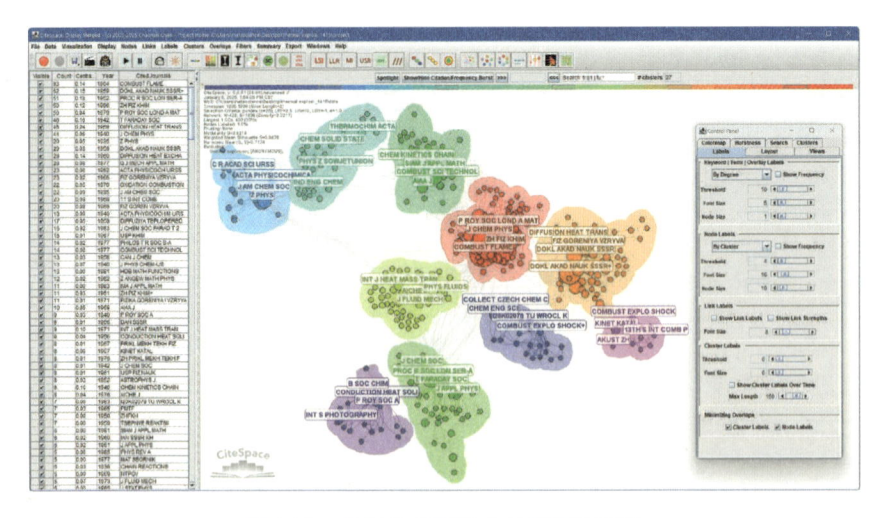

图 4.33　热爆炸期刊的共被引网络聚类

4 共被引网络的构建
Construction of Co-citation Network

在期刊共被引网络中，也可以对期刊的被引频次进行突发性探测。被引频次在时间维度上有激增现象的期刊，节点的颜色也会被填充为红色。通过默认的突发性参数，本次分析共识别到了12本期刊（图4.34）。在这些具有突发性特征的被引期刊中，P ROY SOC LOND A MAT的突发强度最大。在可视化界面中，选中该期刊后，右击选择Node Details就可以查看该期刊被引的时序曲线及其突发性现象发生的时间区间（图4.35）。

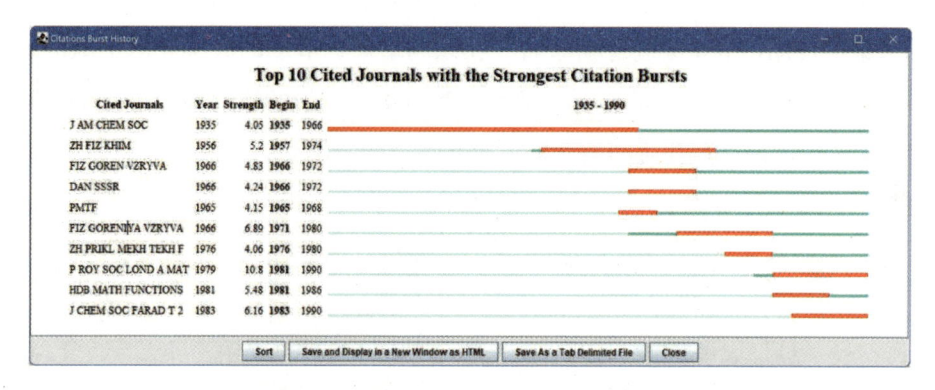

图4.34　热爆炸被引期刊的突发性列表

图4.35　P ROY SOC LOND A MAT的被引曲线

123

4.6 共被引分析的案例

案例1：《工业事故预防》施引文献的参考文献共被引分析

海因里希所著《工业事故预防》（以下简称《事故》）的施引文献的参考文献共被引网络，如图4.36所示。其中，左图为原始的共被引网络，显示了网络中的高被引文献的分布；右图显示了文献共被引网络的聚类结果，并对各个聚类使用LLR算法进行了命名。在该网络中，节点的大小表示文献的被引次数，年轮的色带表示被引的时间。两篇文献之间的连线代表论文的共被引关系，连线的颜色代表两篇文献首次共被引的时间。

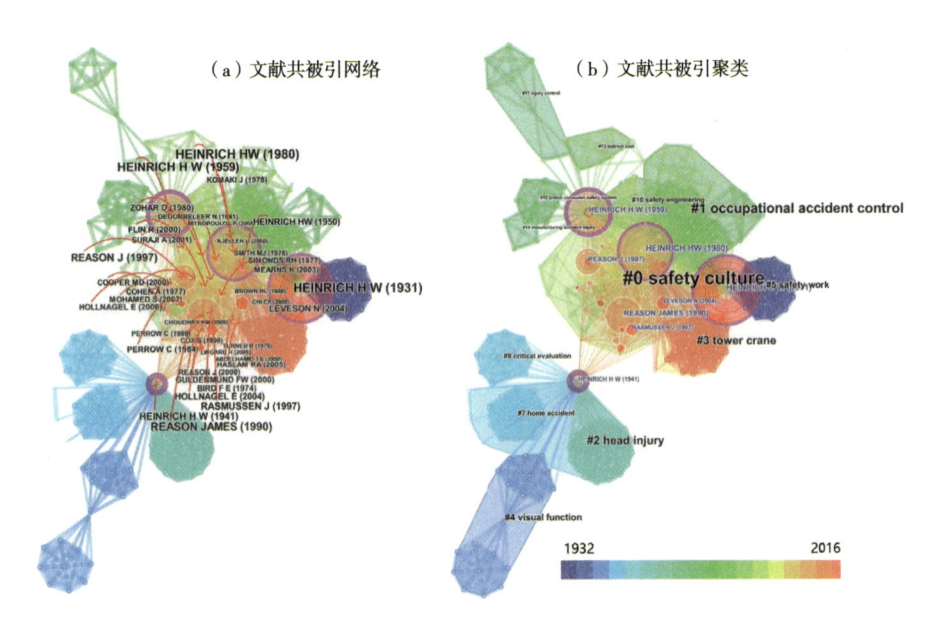

图4.36 《工业事故预防》施引文献的文献共被引聚类（李杰，2017）

从共被引分析结果来看，海因里希的《事故》一书不仅具有高的被引频次，且具有高的中介中心性。从网络的时间特征来看，1931年的版本主要被早期的安全研究引用，1980年版本的引用更加接近当前的时间。1941年的版本在网络中有最高的中介中心性，将早期引用《事故》一书的聚类#7 home accident（家庭事故）、#9 critical evaluation（关键评估）、2# head injury（头部伤害）以及4# visual function（视觉功能）与近期的聚类0# safety culture（安全文化）等连接在了一起。近期安全文化研究更多引用了1980年的版本。结合文献共被引的网络及其聚类结果发现：网络中的高被引论文主要集中在安全文化的聚类中。

案例2：*Safety Science*上我国学者论文的文献共被引分析

我国学者在*Safety Science*发表的339篇论文的共被引分析结果，如图4.37所示。共被引网络的上半部分文献密集，且聚类群落规模显著大于其他区域，是我国学者论文知识基础的核心部分。该区域主要涉及安全氛围、事故模型以及基于模糊集的安全评价。文献共被引网络的下半部分则是我国学者在安全疏散研究中所引用的核心文献形成的聚类。

图4.37 国内学者在*Safety Science*发表论文的知识基础的聚类（李杰，2019）

在网络中，被我国学者引用排名前5的论文分别为#1 Leveson N（2004），#2 Reason J（1990），#3 Glendon AI（2001），#4 Helbing D（2000）以及#5

Zadeh LA（1965）。#1 Leveson N是美国科学院院士和美国麻省理工学院教授，其2004年在*Safety Science*上发表的论文提出了一种新的系统安全工程研究方法（STAMP），该方法在我国安全科学研究中引用广泛。#2 Reason J是曼彻斯特大学心理学教授，他在1990年出版的*Human Error*一书，对我国关于"人的因素"和事故的研究发挥了重要作用。#3 Glendon AI的论文是关于安全氛围因素以及道路建设安全行为的研究，在我国安全氛围和安全行为研究中被广泛借鉴。#4 Helbing D是布达佩斯高等研究院（Collegium Budapest-Institute for Advanced Study）与德累斯顿工业大学（Dresden University of Technology）的研究人员，他2000年在*Nature*上发表的论文《逃离恐慌的动态特征模拟》，对我国人员疏散的研究提供了有力的支撑。#5 Zadeh LA是美国加利福尼亚大学自动控制理论的杰出学者，他在1965年提出的"模糊集合"开启了模糊数学的研究热潮。模糊集合的方法被大量用于安全管理、评价和决策分析中。

思考题

（1）解释文献共被引的含义及应用价值。

（2）论述文献结构变异的理论与应用价值。

5 科研合作网络的构建
Construction of Collaboration Network

5.1 科研合作分析概述

早在20世纪60年代初,被誉为科学计量学之父的普赖斯就对科研合作进行了计量研究。他从《化学文摘》中抽取了作者数据并进行了计量,发现从20世纪开始,多作者合著论文呈直线增长,他还预言合作论文的平均合作者会继续增加(梁立明 等,2006)。随后,又有一些学者对科学合作进行了研究,其中,Beaver关于科研合作的研究最为系统,1978—1979年,他连续在 *Scientometric* 期刊上发表了3篇关于科研合作的系列论文(Beaver et al.,1978,1979a,1979b),详细地对科研合作问题进行了讨论。目前,科学计量中的合作问题研究仍然活跃,且有多篇研究成果发表在了国际权威期刊上。2007年,美国西北大学的研究人员在 *Nature* 上发文,通过对Web of Science中1 990万篇论文(1955—2005年)和210万份专利(1975—2005年)进行分析得出:除了艺术与人文领域的合作保持稳定外,其他领域都明显呈现出团队合作发表成果比例越来越高以及团队规模越来越大的趋势。同时,结合引文影响力发现,多作者合作的论文的影响力要明显高于唯一作者发表的论文(Wuchty等,2007)。2019年,Wu等分析了1954—2014年6 500多万篇论文/专利/软件等的数据,在 *Nature* 上发表了"大团队发展科学技术,小团队颠覆创新科学技术"的论文,研究了团队规模对创新的影响(Wu et al.,2019)。

那么,什么是科研合作呢?Katz等将其定义为:"科学合作就是学者为生产新的科学知识这一共同目的而在一起工作"(Katz et al.,1997)。在实际场景中,科学合作有多种表现形式,如数据、资源以及仪器共享等。科学计量研究中通常所指的科学合作是指论文合著，即在一篇论文中如果同时出现了不同的作者、机构或者国家/地区，那么我们就认为这些不同的作者、机构、国家/地区之间存在合作关系。例如，Li（2015）论文共包含两位学者，这两位学者之间就形成了学术合作关系，该论文署名了4个不同的国家/地区以及机构，则这四个国家之间、四个机构之间就建立了合作关系。基于以上认识，包括CiteSpace在内的科学计量学工具，都是在这样的规则下从科技文献中抽取合作关系的。

5.2 合作网络的构建过程

CiteSpace中提供了三个层面的科研合作网络分析：①微观的作者合作（Authors' Collaboration）；②中观的机构合作（Institutions' Collaboration）；③宏观的国家/地区的合作（Countries/Regions' Collaboration）。在科研合作网络中，节点的大小代表了作者、机构或者国家/地区发表论文的数量，节点与节点之间的连线代表了不同主体之间的合作关系。

下面以热爆炸研究的论文为案例数据（李杰 等，2020 b），演示如何在CiteSpace中构建作者的合作网络。

第1步：数据准备与项目建立。

在CiteSpace的功能参数区中，点击New建立新项目，并对相关参数进行设置，如图5.1所示。

第2步：数据分析。

在CiteSpace功能参数区中，将Node Types选择为Author，时间区间设置为1935—2017（Years Per Slice=1），点击Start启动数据分析，如图5.2所示。待出现提示对话框后，点击Visualize，进入作者合作网络的可视化界面。

5 科研合作网络的构建
Construction of Collaboration Network

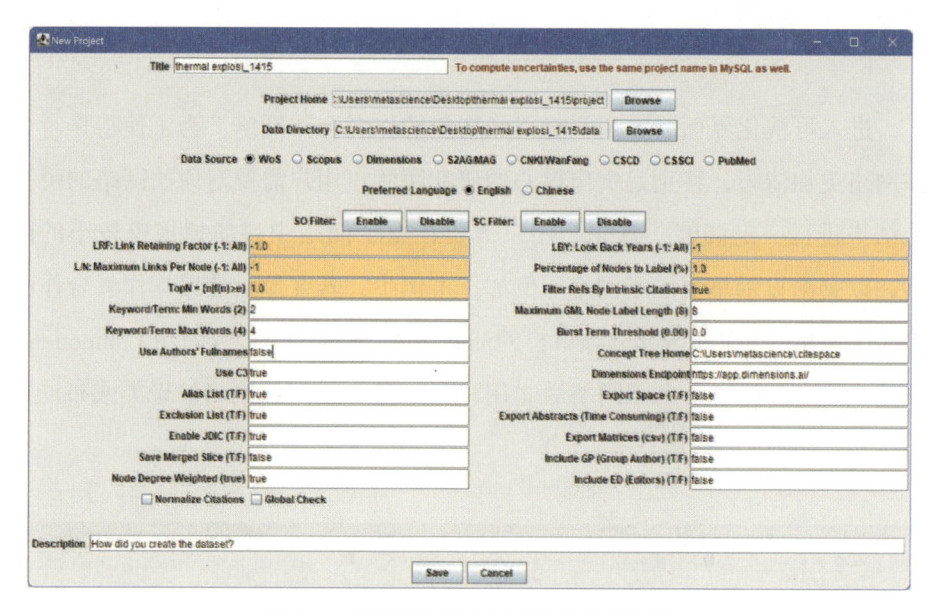

图 5.1　热爆炸作者合作项目的参数设置

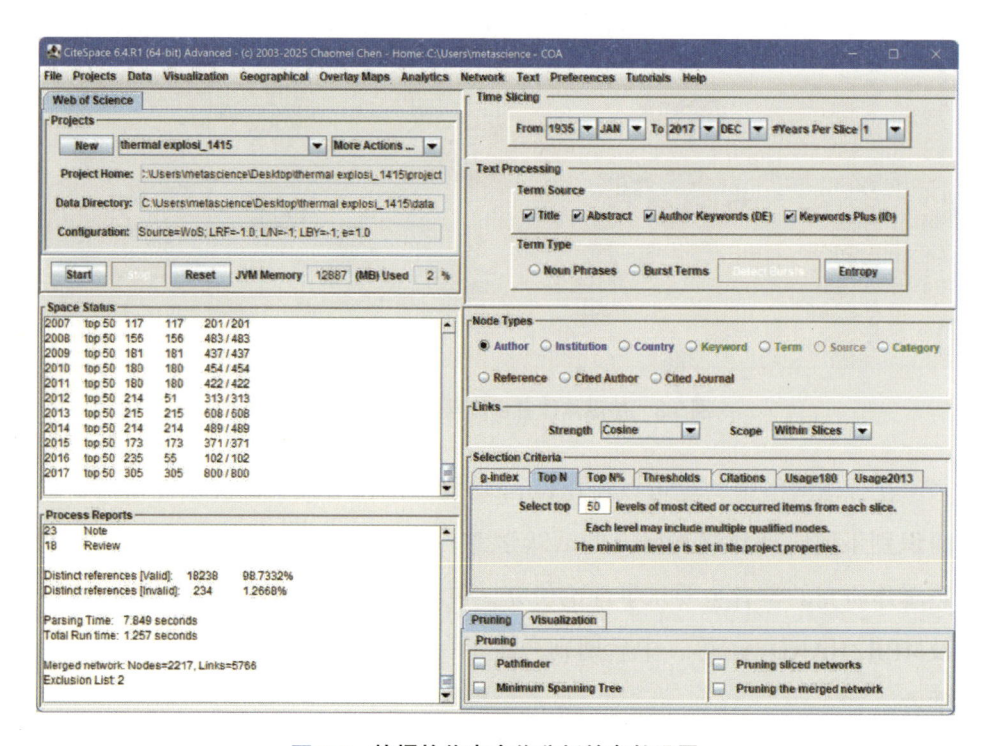

图 5.2　热爆炸作者合作分析的参数设置

第3步：数据可视化。

进入可视化界面后，用户将得到初步的作者合作网络。为了使得作者合作网络更加清晰，特别是突出核心的研究团队，用户需要对原始网络的可视化结果进行一定调整。首先，用户需要在整个网络中过滤掉规模较小的网络，以突出显示重要的子网络。例如，本例中，若要显示热爆炸作者合作的最大子网络，可以在Filters菜单栏的Show the Largest k Connected Components中输入1。在得到最大子网络后，用户可以进一步对该网络的聚类或布局进行调整，如图5.3所示。

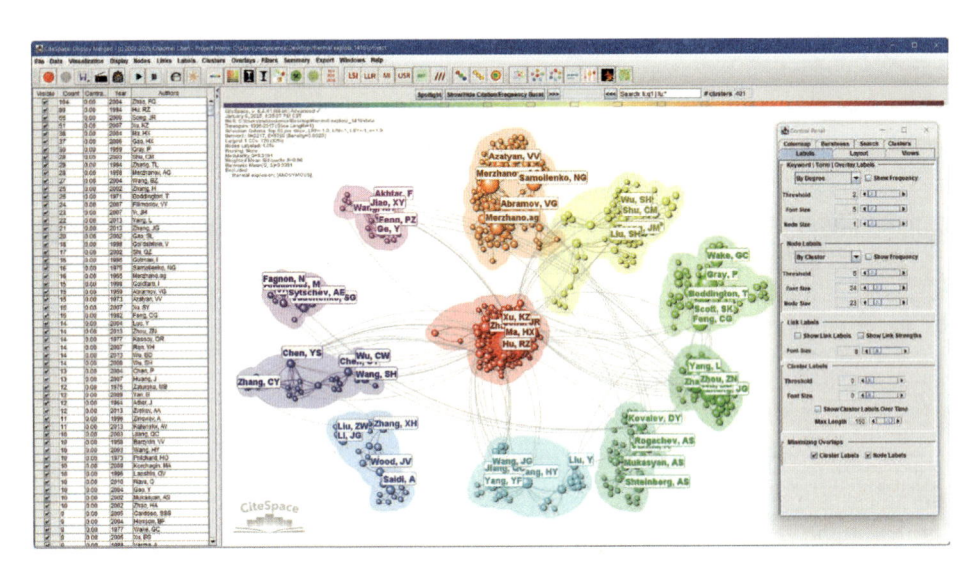

图5.3　热爆炸作者合作网络的最大子网络

在合作网络中，也可以使用Burst功能探测作者发文的突发性情况，进而识别不同时期热爆炸研究的活跃学者，如图5.4所示。结果显示，早期热爆炸研究的学者主要从事理论研究，包含MERZHANOV AG、GRAY P以及MERZHANO AG等，中后期则产生了一批主要以实验和应用研究为主的学者。

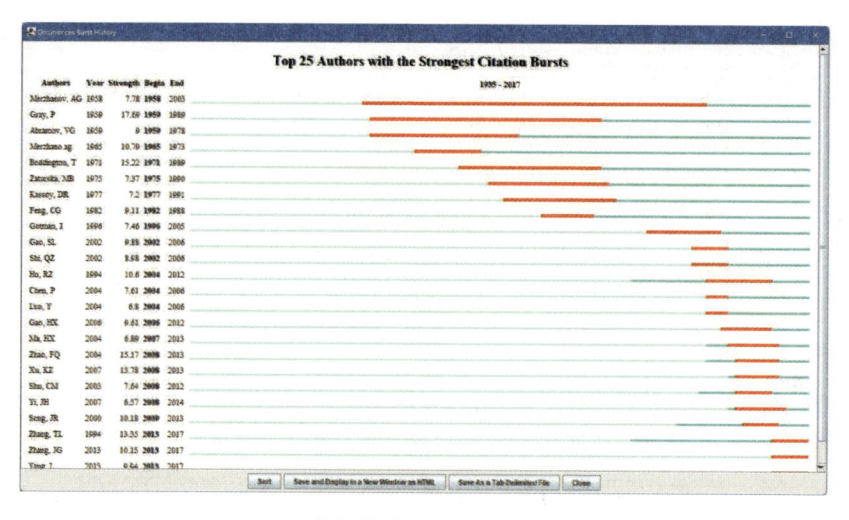

5 科研合作网络的构建
Construction of Collaboration Network

图5.4 热爆炸学者发文的突发性探测

在作者合作网络中，用户可以选中某一作者，右击Node details查询该学者发表论文的时间分布曲线和详细论文列表信息。如图5.5就显示了我国热爆炸理论研究学者冯长根教授论文产出的时序曲线，1983年是其论文发表数量的峰值年。同时，可以点击The Author Collaborated in 15 Records获得冯教授与其导师GRAY P和BODDINGTON T合作发表的热爆炸论文清单，如图5.6所示。这种对节点详细信息的查询功能，在国家/地区和机构的分析中也同样适用。

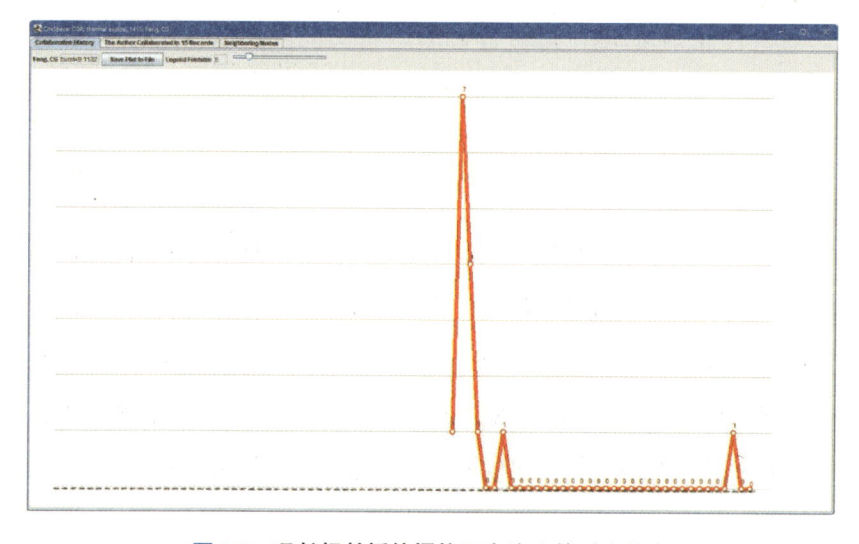

图5.5 冯长根教授热爆炸研究论文的时序分布

CiteSpace：科技文本挖掘及可视化

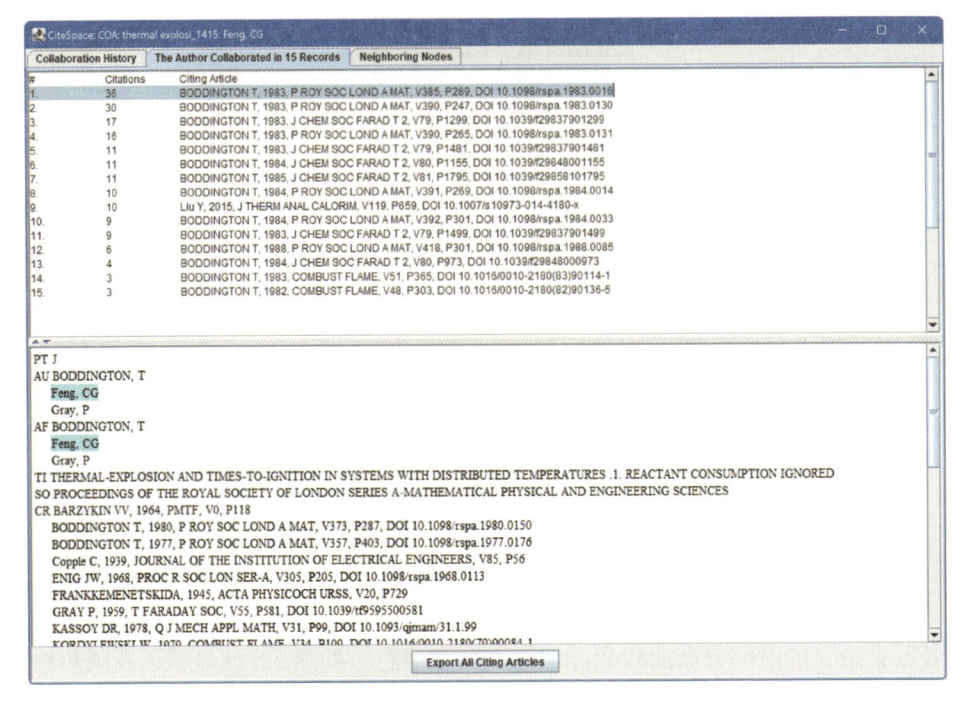

图5.6 冯长根教授热爆炸论文的详细列表

类似地，在功能参数区中将Node Types切换成Institution，然后点击Start就可以得到热爆炸研究的机构合作网络，如图5.7所示。在得到机构的合作网络后，用户可以对该网络进行聚类，以了解各个机构群落的研究主题。若要构建国家/地区的合作网络，将功能参数区的节点类型切换成Country即可。

案例1：国内建筑火灾的机构合作

为了认识我国建筑火灾研究机构的合作状况，我们使用CiteSpace构建了国内建筑火灾领域的机构合作网络，如图5.8所示。数据分析的参数设置为：TimeSpan设置为1992—2017，时间切片为2，阈值设置为TOP 100。所得到的网络中，机构数量为351，合作关系数为260。在合作网络中，节点的大小代表机构的发文量，网络中的连线代表了机构之间的合作关系。

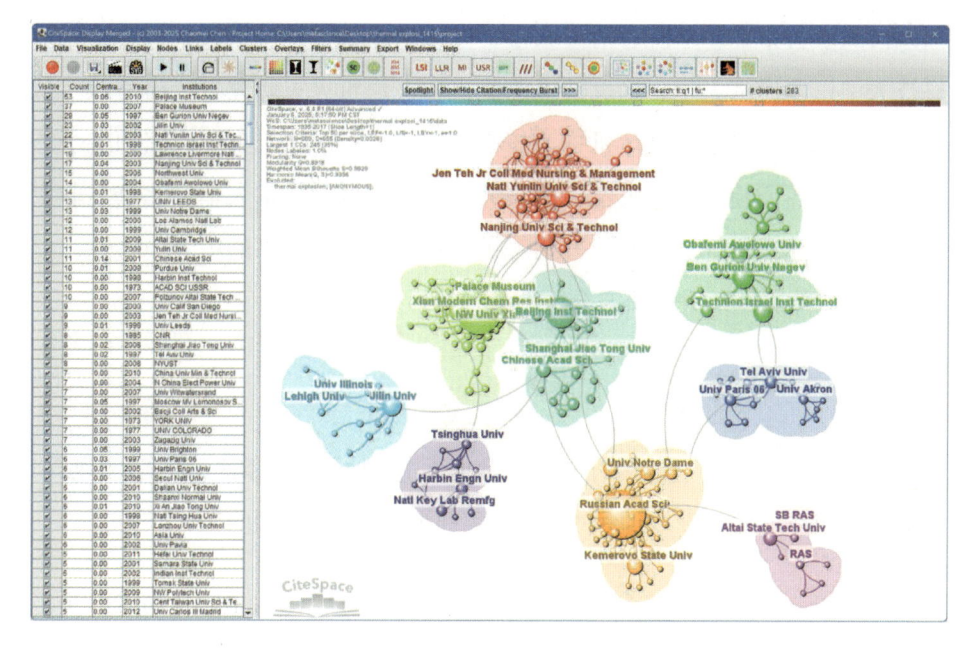

5 科研合作网络的构建
Construction of Collaboration Network

图 5.7 热爆炸研究的机构合作网络

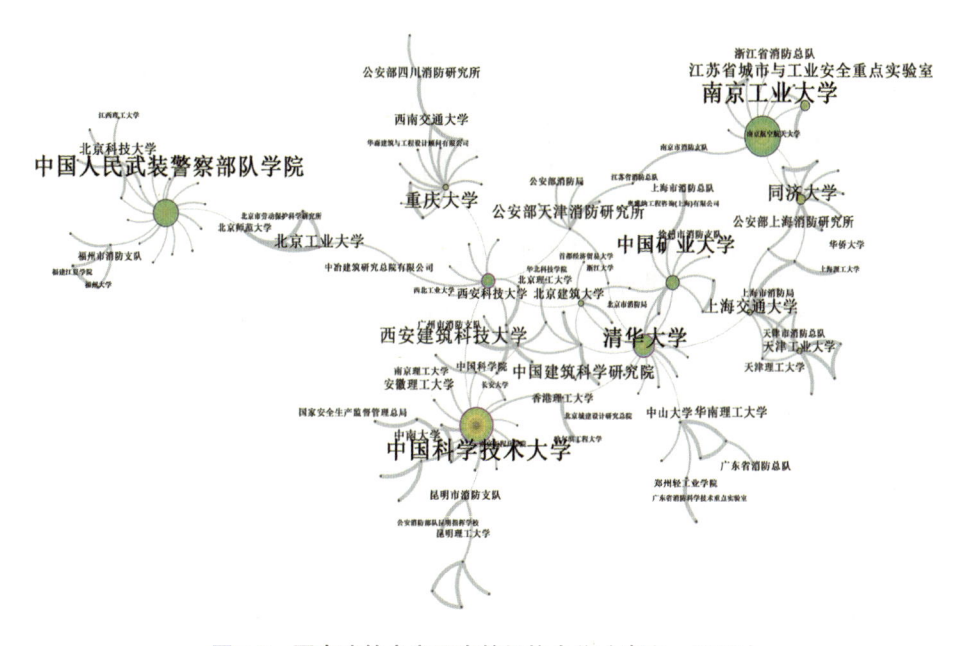

图 5.8 国内建筑火灾研究的机构合作（李杰，2018）

国内建筑火灾领域的高产机构有南京工业大学、中国科学技术大学、中

133

国人民武装警察部队学院、清华大学、中国矿业大学、重庆大学、西安建筑科技大学以及同济大学，这反映了这些机构在建筑火灾研究中产出活跃。从网络视角来看，以这些高产机构为核心，形成了我国建筑火灾研究的多个群落。其中，西安建筑科技大学、清华大学、中国科学技术大学、北京工业大学以及中冶建筑研究总院有限公司等机构在网络中具有高的中介中心性，反映了这些机构在建筑火灾研究合作中起到了显著的桥梁作用。

案例2：刘则渊先生的合作网络分析

2020年9月12日，我们在中国知网数据库中，使用检索条件：作者=刘则渊、单位=大连理工大学，获取了1989—2020年刘则渊教授所发表的344篇论文。

通过CiteSpace，构建了刘则渊先生的科研合作网络，如图5.9所示。为了突出合作网络的结构，对分时网络和整合后的网络采用Pathfinder方法进行

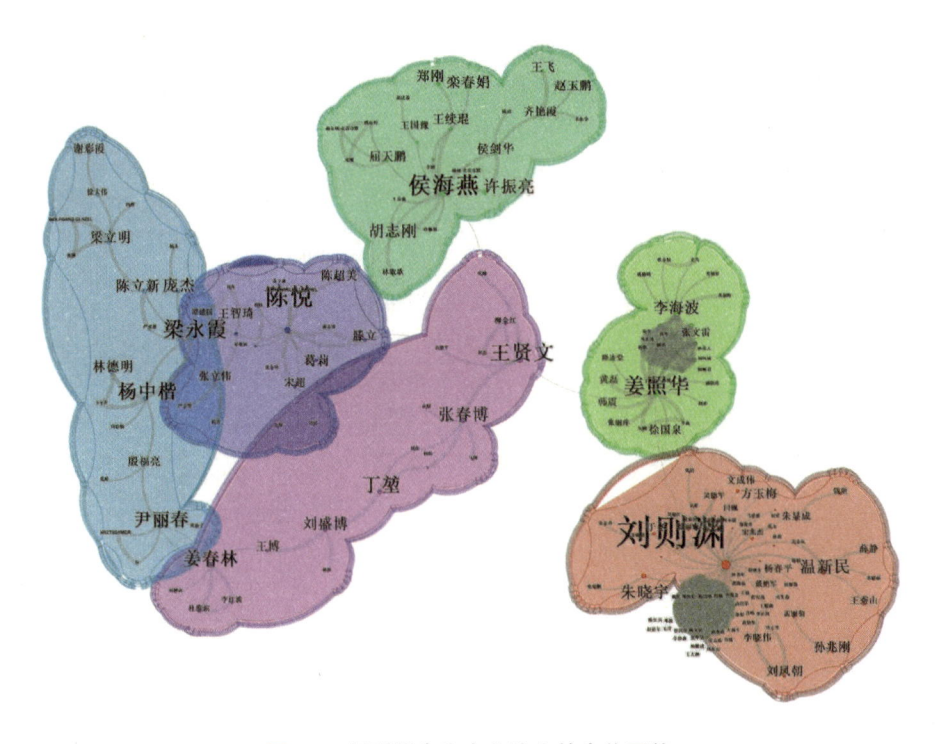

图5.9 刘则渊先生中文论文的合作网络

了裁剪。从分析结果来看，刘则渊先生的合作者主要来自大连理工大学WISE实验室。与其合作论文最多的前五位学者分别为陈悦（39篇，2005年首次合作）、侯海燕（35篇，2005年首次合作）、姜照华（27篇，1998年首次合作）、王贤文（25篇，2007年首次合作）以及梁永霞（24篇，2006年首次合作）。在合作网络中，主要合作者以刘则渊先生的学生为主（包含学生的学生），例如：陈悦、侯海燕、杨中楷、尹丽春、许振亮、姜春林以及胡志刚等。从合作网络的社团结构来看，刘则渊先生的团队成员在研究方向上存在一定的差异，并由此分割成了不同的小团体。

5.3 合作网络地理可视化

在CiteSpace的功能参数区中，专门针对Web of Science数据研发了科研合作网络的地理可视化模块。用户可以通过该功能将作者合作网络映射到3D的Google Earth上，并以动态的形式进行可视化展示。这种分析对于从地理空间维度上认识合作的特征有着重要的参考价值。

CiteSpace中进行科研合作网络的地理可视化分析的步骤如下（案例数据为thermal explosi_1415）：

第1步：进入CiteSpace合作网络地理可视化模块。

在功能参数区的菜单栏中，依次选择Geographical→Generate Google Earth Maps（KML 2.0），进入合作网络的地理可视化分析界面，如图5.10所示。

在进行地理可视化分析之前，用户需要通过geocode主页注册并获得API key（图5.11）。获得API key之后，还需要将GeocodeAPI添加在环境变量中。完成以上设置后，用户就可以开始对文献数据的地理信息进行解析。具体的地理可视化分析步骤为：①在Specify the Time Frame中，将时间设置为2010—2017；②在Select the Directory of Input Data in Field Delimited Format中加载热爆

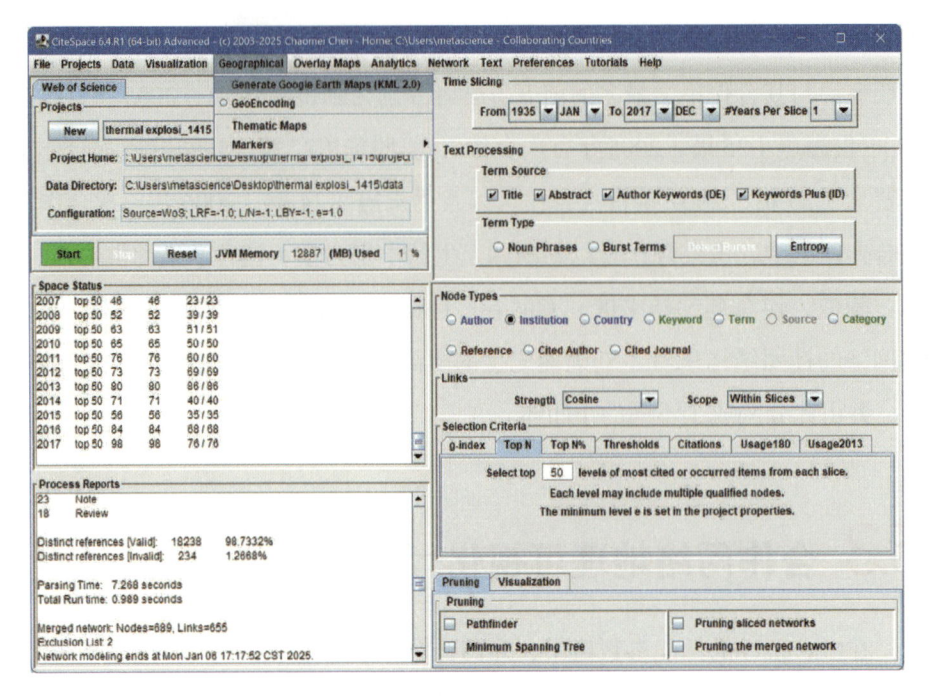

图5.10　CiteSpace中的地理可视化

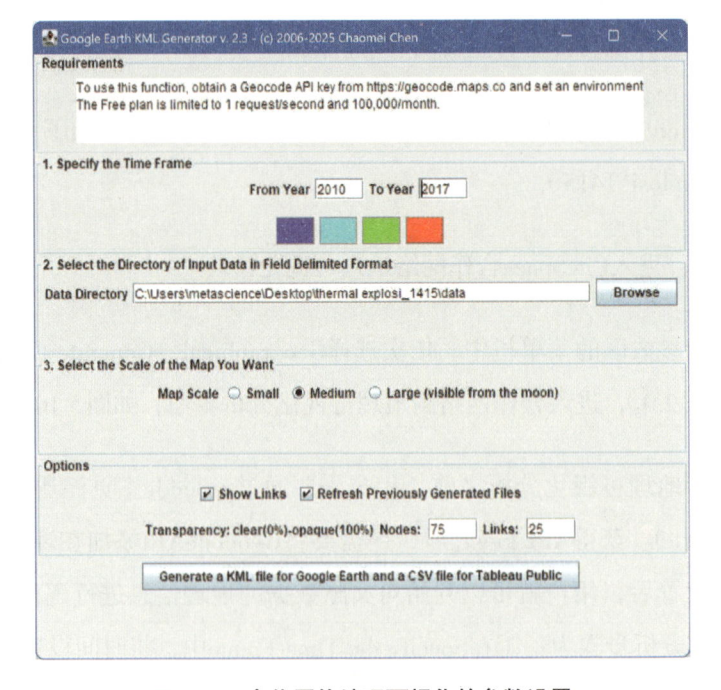

图5.11　合作网络地理可视化的参数设置

炸的data文件夹；③其他参数选择默认，并点击Generate a KML file for Google Earth and a CSV file for Tableau Public，启动地理数据的解析。数据分析结束后，会出现"消息"提示框。其中，#Records processed：9080，表示处理的数据；# Errors encountered：481，表示未识别的数据；Accuracy：94.0%，表示处理数据的准确率。

在数据处理完成后，data文件夹中会生成一个kml文件夹。在该kml文件夹中，包含了各年份提取的地理信息以及kml格式的地理可视化文件，如图5.12所示。该kml文件可以直接加载到Google Earth中进行可视化分析。

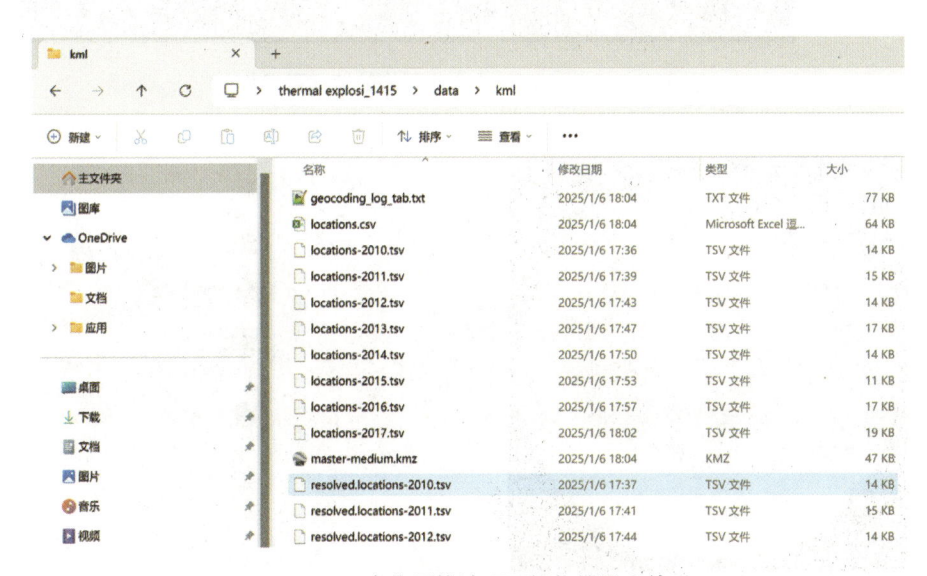

图5.12　合作网络地理可视化结果文件

Google Earth对科研合作网络的可视化结果，如图5.13所示。用户可以在Google Earth界面左侧选中kml文件，对地理合作网络的可视化进行调整。此外，用户还可以通过Google Earth获得更加丰富的科研合作网络信息。例如，在地图上点击某个节点后，就会显示该地理坐标位置详细的论文列表；点击连线，就会显示具体的合作关系。若需要重点关注特定区域的合作关系，用户则可以在Google Earth局部放大该区域（如图5.14所示）。

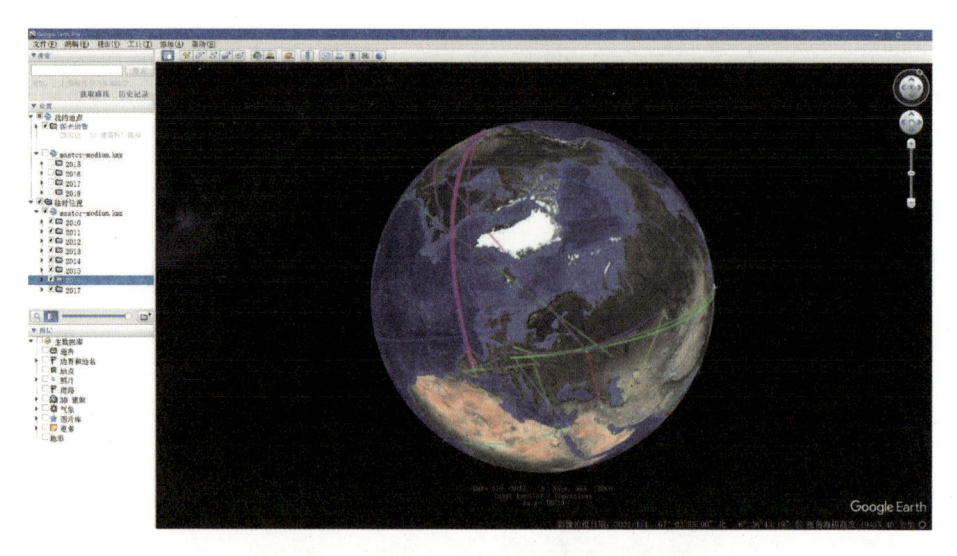

图5.13　Google Earth合作网络的地理可视化

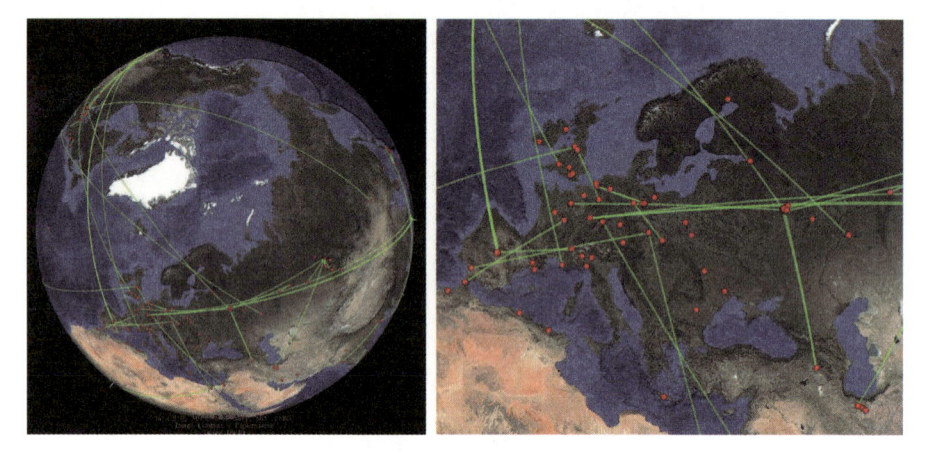

图5.14　Google Earth中的局部合作网络

对生成的kml文件，用户还可以使用Google Fusion进行可视化。此外，若用户在智能手机上安装了Google Earth，还可以将该结果在手机上打开浏览。图5.15呈现的是通过智能手机展示的国际洪水风险研究的科研合作网络的地理可视化。

图5.15　智能手机上展示洪水风险的合作网络

当前，地理可视化分析功能已经成为最常见的可视化类型之一，用户可以借助netscity（Maisonobe et al.，2019）、Google Map、Mapsengine、GPS Visualizer、Display-KML、Google-Fusiontables和CartoDB等地理可视化工具对kml或Excel中的地理数据进行可视化分析。

思考题

（1）科学家们为什么要互相合作？至少列出5条原因。

（2）作者、机构、国家/地区的合作网络各有什么特点，它们之间有何联系？

（3）构建过去十年《情报杂志》学者的合作网络。

（4）构建普赖斯奖获得者Rousseau Ronald合作网络的地理可视化。

（5）构建科学计量学领域学者的合作网络并进行分析。

6 主题共现网络的构建
Construction of Co-words Network

6.1 词频和共词概述

科学计量学领域的词频分析，是指从科技文献数据中提取能够表征文献核心内容的"关键词"或"术语"，并通过主题频次的高低分布来判断该领域的发展动向、研究热点或话题特征的内容分析法。除了可以对研究领域的热点主题及其趋势进行分析外，还可以对科学家的创造活动做出定量分析。例如，有学者对爱因斯坦和普朗克一生所发表的论文标题做了词频分析，结果发现爱因斯坦共用过 1 207 个词，而普朗克只用了 777 个词，据此可以推知爱因斯坦的科学兴趣和涉猎领域可能要比普朗克广泛。

从词的共现模式中获得更高层次的研究内容特征，可以追溯到 20 世纪 80 年代，以来自法国科学研究中心 Callon 等人出版的《科学技术动态图谱》（Callon et al., 1986）为标志。Callon 等人对共词分析方法的系统性研究，为后来共词分析的大范围实践奠定了基础。随着在科学计量学领域的应用不断深入，共词分析已经成为文献知识单元共现分析方法的重要组成部分。共词网络与其他类型的文献网络分析（例如，文献共被引）相比，得到的结果要更加直观。即用户可以较为容易地结合共词分析的结果，对所关注领域的研究热点和趋势进行解释。虽然共词分析在应用中还存在一些争论（Leydesdorff, 1997），但其在科学计量学及其相关领域热点的研究中仍然活跃。

共词分析是在一定的假设前提下进行的，Whittaker（1989）较早对此进行了讨论。目前，共词分析的假设主要包括四个方面：①作者是很认真地选择了所使用的术语；②当同一篇文章中使用了不同的术语，就意味着不同的术语之间存在一定的关系，它们一定是被作者认可和认同的；③如果有足够多的作者对同一种关系认可，那么可以认为这种关系在他们所关注的科学领域中具有一定意义；④当针对关键词时，经过专业训练的学者，在其论文中给出的关键词是能够反映文章内容的，是值得信赖的，在作者标引关键词时会受到其他研究成果的影响，因此，他们在论文中可能会使用相同或类似的关键词进行标引。基于以上的假设，使用共词分析方法分析学科研究的热点内容、主题分布和演化等问题就成为了可能。

共词分析的一般流程，如图6.1所示。其中，P1表示文献1，K1表示关键词1，相同的关键词使用相同的字母和数字组合表示。这样就可以得到一个文档—关键词矩阵，该矩阵为0-1矩阵，表达的含义是某个关键词和某个文档是否存在隶属关系。通过该过程得到的隶属矩阵，是获取共词矩阵的基

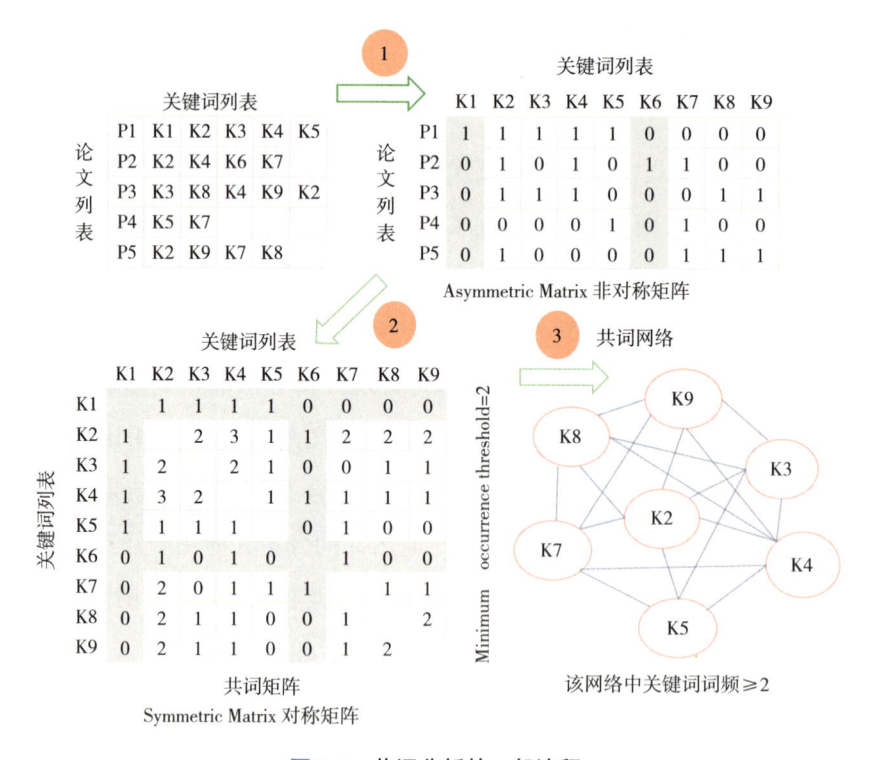

图6.1 共词分析的一般流程

础。为了得到共词矩阵，需要进一步对 0-1 矩阵进行乘法运算，得到关键词的共现矩阵，并进一步使用知识网络分析方法对共词分析结果进行可视化。

6.2 关键词共现网络

关键词共现分析（Keyword Co-occurrence Analysis）是对科技文献数据中作者关键词或补充关键词的共现分析。若以Web of Science数据为例，就是对DE和ID字段所标记的关键词进行的共现分析。在使用CiteSpace进行关键词分析时，需要将Node Types选择为Keyword。在功能参数区中设置完相关参数后，点击Start即可启动关键词共现矩阵的计算和网络可视化。

这里以2024年发表在《安全与环境学报》上的论文为基础数据构建关键词共现网络。数据来源于中国知网，并于2025年1月6日完成采集。建立项目文件夹SEJ 2024以及两个子文件夹data和project，将下载并经过转换的文献数据保存在data文件夹中。

启动CiteSpace后，点击功能参数区中的New来新建项目。进入新建项目区域后，在Title位置输入自定义的项目名称，如SEJ 2024。然后分别在Project Home和Data Directory中加载project和data文件夹（图6.2）。最后，点击save，返回到功能参数区。

在功能参数区中，对数据分析的参数进行设置（图6.3）：①按照数据的实际时间区间，将时间范围设置为2024—2024，时间切片为1年；②Node Types选择Keyword，并将数据分析的阈值设置为Top 200，连线强度计算使用默认的Cosine；③点击Start启动数据的分析与计算。数据分析后，点击Visualize得到共词网络的可视化结果。

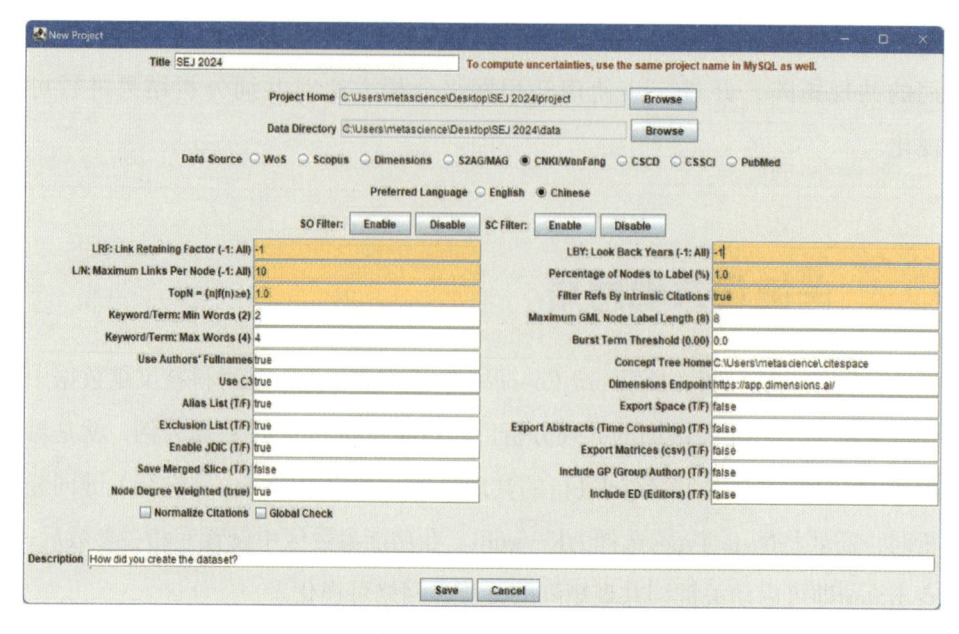

图6.2　关键词共现分析的项目参数设置

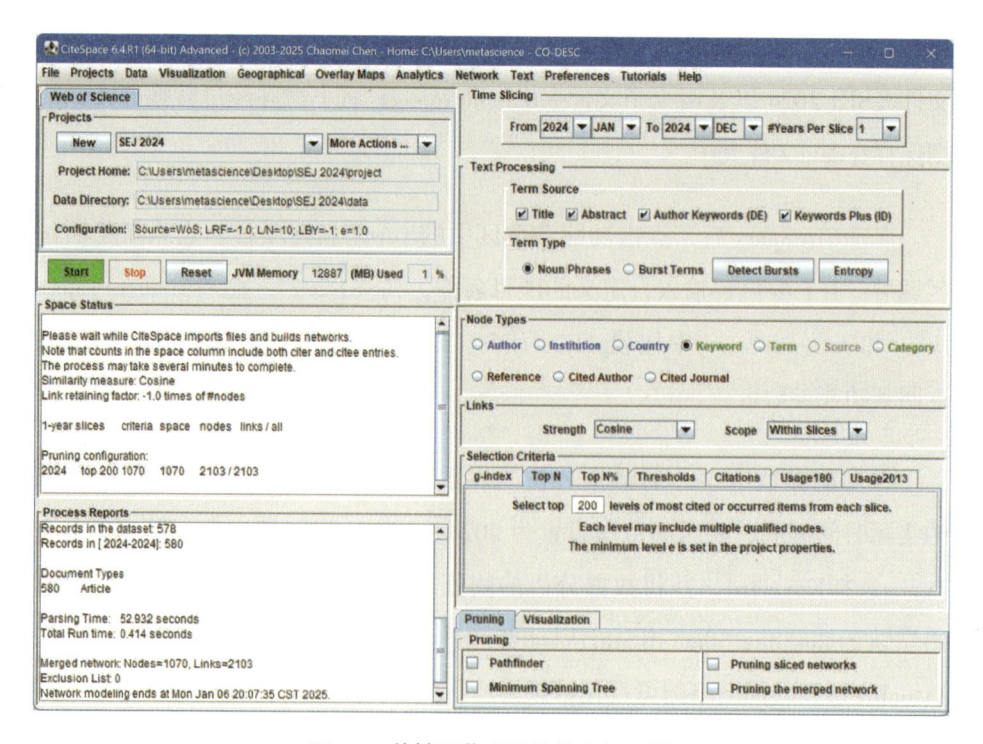

图6.3　关键词共现网络的分析设置

6 主题共现网络的构建
Construction of Co-words Network

最后，得到《安全与环境学报》的关键词共现网络，见图 6.4 和图 6.5。

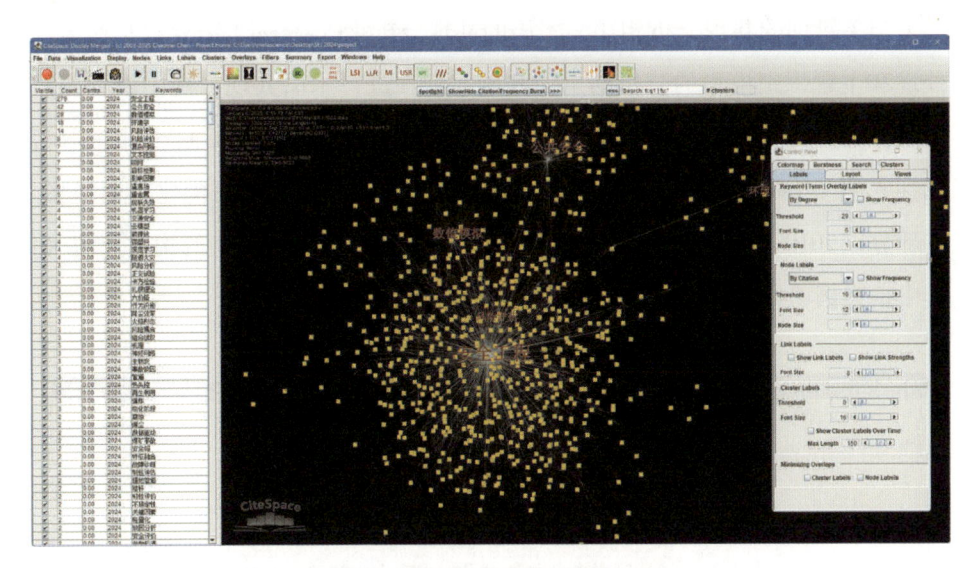

图 6.4　关键词共现网络的初始结果

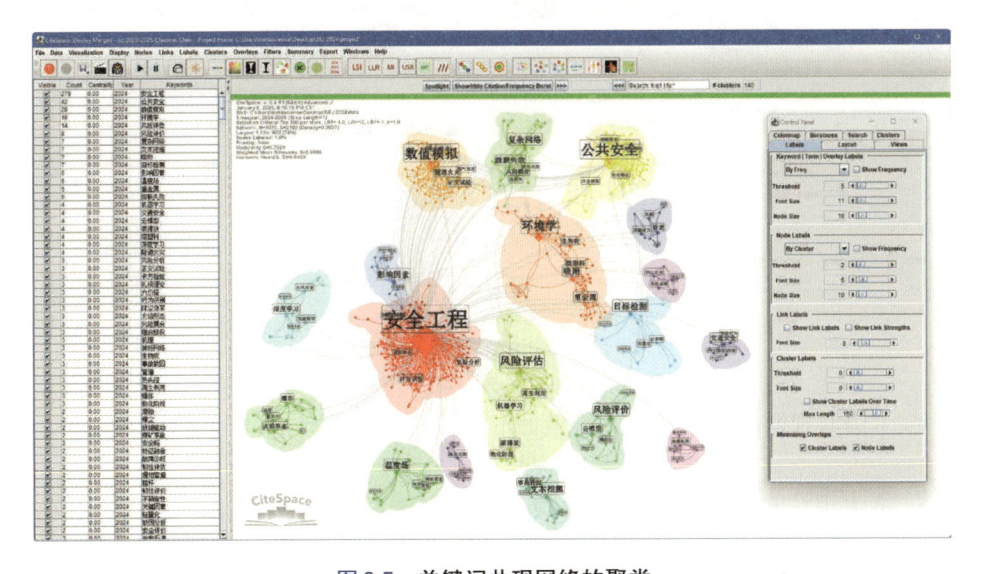

图 6.5　关键词共现网络的聚类

145

6.3 术语的共现网络

与关键词的共现分析相比，术语的共现分析（Co-term）需要以自然语言处理和主题识别模型的分析结果为基础。即在进行术语共现分析中，首先需要从标题（TI）、关键词（DE）、辅助关键词（ID）以及摘要（AB）中提取名词性术语（Noun Phrase），其次才能够通过提取的名词性术语构建共词网络。本部分以2010—2017年热爆炸研究论文为例进行术语共现网络的构建及演示。其中，案例项目数据的加载和分析参数的配置见图6.6。

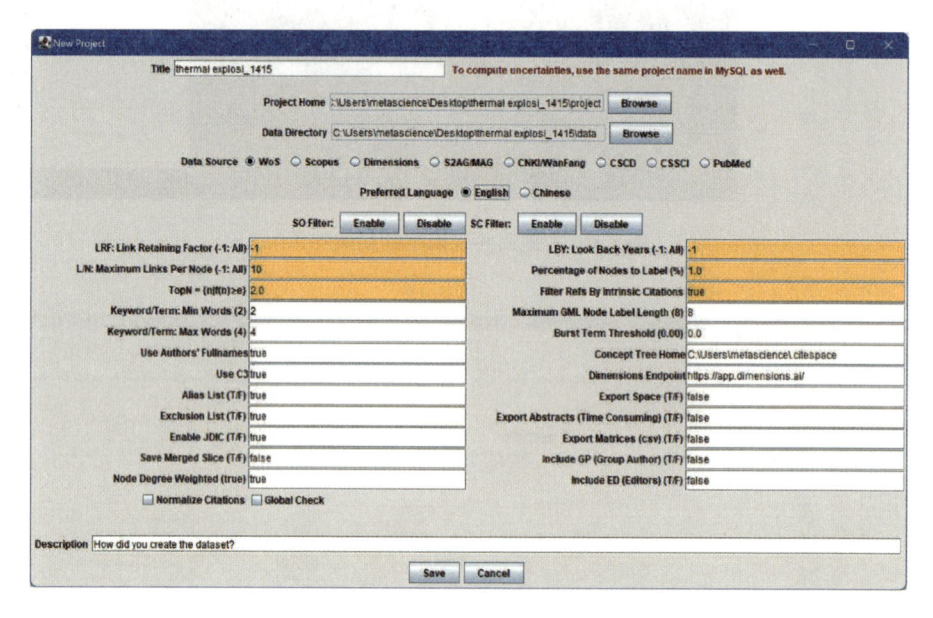

图6.6　热爆炸研究主题的参数配置

术语共现网络构建的具体步骤如下：

第1步：在CiteSpace功能参数页面中，点击Noun Phrases，此时会弹出Processing Terms对话框。若是首次运行术语的提取功能，用户需要点击Extract Terms（图6.7）。若用户曾执行过该项目的名词性术语提取过程，则会弹出Use Existing Terms和Refresh的提示。此时，用户可以通过已经提取过的术语列表来进行网络的构建。

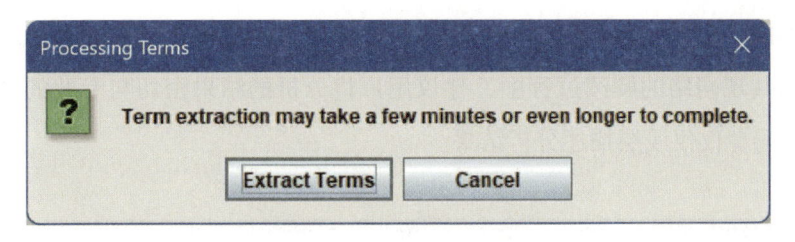

图6.7　名词性术语的提取

Extract Terms过程结束后，在Space Status中会显示"CiteSpace is pre-processing data files.Please wait ..." "Years：70" 以及 "Unique source records：1415" 等信息（图6.8）。这里提示的具体含义是：对时间跨度为70年的1 415篇文献进行了处理。

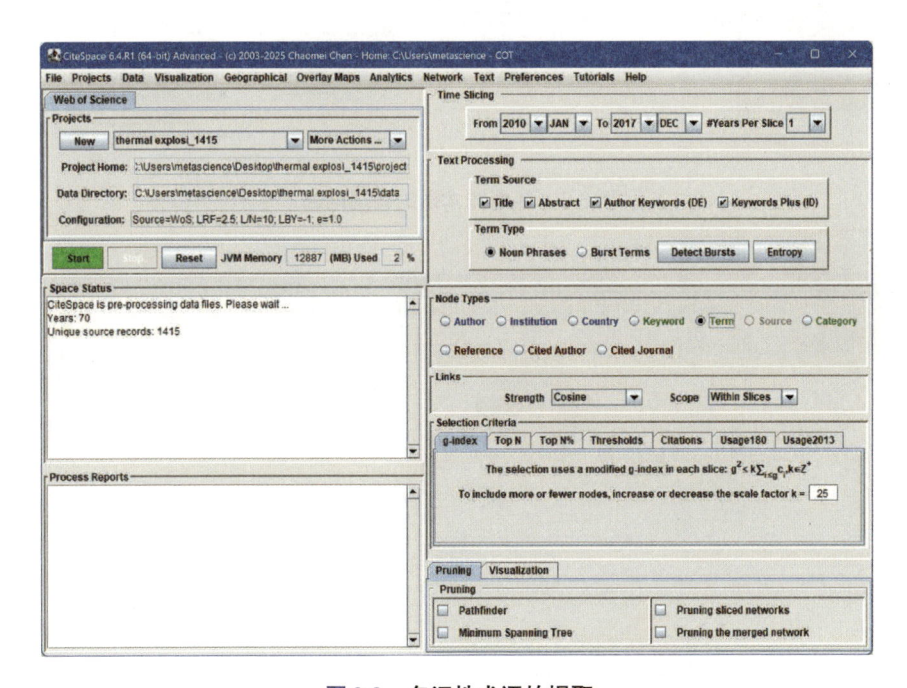

图6.8　名词性术语的提取

第2步：在功能参数区中，将数据的时间范围设置为2010—2017，时间切片设置为1（#Years Per Slice=1）；将Node Types选择为Term；最后，点击Start构建术语的共现网络。需要注意的是，首次构建术语共现网络的时候计算时间相对会比较长。运行结束后，点击Visualize得到热爆炸术语的共现网络，如图 6.9 所示。与之对应的主题密度图（或称热力图），如图 6.10 所示。在术语共现网络的解读过程中，建议用户将分析的结果密切与专业的场景相结合，避免仅仅浅层描述分析结果。

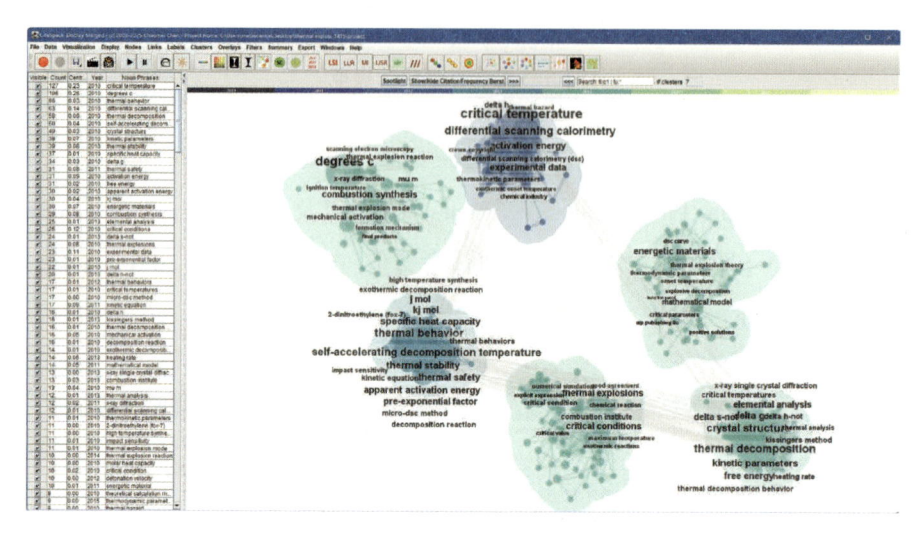

图6.9　热爆炸术语的共现网络

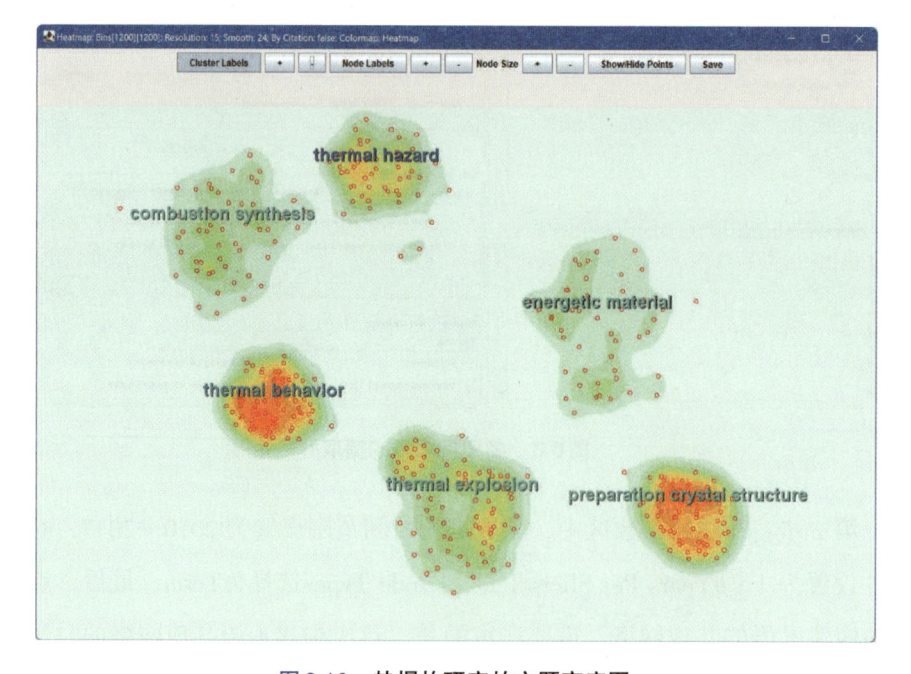

图6.10　热爆炸研究的主题密度图

6 主题共现网络的构建
Construction of Co-words Network

> 📝 **思考题**

（1）试论述共词分析的概念、原理与基本过程。

（2）你认为通过共词分析可以解决哪些问题，为什么？

（3）Co-keyword和Co-terms两种共词分析模式有何异同？

（4）试着通过WoS数据和CiteSpace构建Orphan drugs研究的共词网络。

（5）请通过CNKI数据构建大模型研究的共词网络。

参考文献
References

BEAVER D, ROSEN R, 1978. Studies in scientific collaboration: Part I. The professional origins of scientific co-authorship [J]. Scientometrics, 1 (1): 65-84.

BEAVER D, ROSEN R, 1979a. Studies in scientific collaboration: Part II. Scientific co-authorship, research productivity and visibility in the French scientific elite, 1799-1830 [J]. Scientometrics, 1 (2): 133-149.

BEAVER D, ROSEN R, 1979b. Studies in scientific collaboration Part III. Professionalization and the natural history of modern scientific co-authorship [J]. Scientometrics, 1 (3): 231-245.

BURT R S, 1992. Structural Holes: The social structure of competition [M]. Cambridge, Massachusetts: Harvard University Press.

BURT R S, 2004. Structural holes and good ideas [J]. American journal of sociology, 110 (2): 349-399.

CALLON M, RIP A, LAW J, 1986. Mapping the dynamics of science and technology: sociology of science in the real world [M]. Palgrave Macmillan UK.

CHEN CM, 2004. Searching for intellectual turning points: progressive knowledge domain visualization [J]. Proceedings of the National Academy of ences, 101 (suppl): 5303-5310.

CHEN CM, 2006. CiteSpace II: Detecting and visualizing emerging trends and transient patterns in scientific literature [J]. Journal of the American society for information ence and technology, 57 (3): 359-377.

CHEN CM, 2008. An information-theoretic view of visual analytics [J]. IEEE

Computer Graphics and Applications, 28（1）: 18-23.

CHEN CM, 2012. Predictive effects of structural variation on citation counts [J]. Journal of the association for information ence & technology, 63（3）: 431-449.

CHEN CM, 2014. The fitness of information: quantitative assessments of critical evidence [M]. Wiley.

CHEN CM, 2017. Science mapping: a systematic review of the literature [J]. Journal of data and information science, 2（2）: 1-40.

CHEN CM, IBEKWE-SANJUAN F, HOU J, 2010. The structure and dynamics of cocitation clusters: a multiple-perspective cocitation analysis [J]. Journal of the association for information ence & technology, 61（7）: 1386-1409.

CHEN CM, SONG M, 2019. Visualizing a field of research: a methodology of systematic scientometric reviews [J]. PloS One, 14（10）: e0223994.

FREEMAN LC, 1979. Centrality in social networks: conceptual clarification [J]. social networks, 1（3）: 215-239.

KATZ JS, MARTIN BR, 1997. What is research collaboration? [J]. Research policy, 26（1）: 1-18.

KLEINBERG J, 2002. Bursty and hierarchical structure in streams, in proceedings of the 8th ACM SIGKDD international conference on knowledge discovery and data mining [C]. ACMPress: Edmonton, Alberta, Canada: 91-101.

KLEINBERG J, 2002. Bursty and hierarchical structure in streams [C]. In Proceedings of the eighth ACM SIGKDD international conference on Knowledge discovery and data mining: 91-101.

KUHN TS, 1962. The structure of scientific revolutions [M]. Chicago: Universityof Chicago Press.

LEYDESDORFF L, 1997. Why words and co-words cannot map the development of the sciences [J]. Journal of the American society for information science, 48（5）: 418-427.

LI J, GOERLANDT F, RENIERS G, 2020. Trevor Kletz's scholarly legacy: A co-citation analysis [J]. Journal of Loss Prevention in the Process Industries, 66: 104166.

LI J, HALE A, 2015. Identification of, and knowledge communication among core safety science journals [J]. Safety science, 74, 70-78.

MAISONOBE M, JÉGOU L, YAKIMOVICH N, et al., 2019. NETSCITY: a geospatial application to analyse and map world scale production and collaboration data between cities [J]. International conference on scientometrics and informetrics (ISSI).

MARSHAKOVA Ⅳ, 1973. System of document connections based on references [J]. Nauchno-Tekhnicheskaya Informatsiya Seriya 2-Informatsionnye Protsessy Ⅰ Sistemy（6）: 3-8.

NEWMAN ME, 2004. Fast algorithm for detecting community structure in networks [J]. Physical review estatistical, Nonlinear, and soft matter physics, 69（6）: 066133.

NEWMAN ME, 2006. Modularity and community structure in networks [J]. Proceedings of the national academy of sciences, 103（23）: 8577-8582.

PIROLLI P, 2007. Information foraging theory: adaptiveinteraction with information [M]. Oxford, England: Oxford University Press.

ROUSSEEUW P, 1987. Silhouettes: a graphical aid to the interpretation and validation of cluster analysis [J]. Journal of computational & applied mathematics, 20（4）: 53-65.

SHANNON CE, 1948. A mathematical theory of communication [J]. The bell system technical journal, 27（3）: 379-423.

SMALL H, 1973. Co-citation in the scientific literature: a new measure of the relationship between two documents [J]. Journal of the American society for information Science, 24（4）: 265-269.

VAN RAAN AFJ, 2014. Advances in bibliometric analysis: research performance assessment and science mapping [J]. Bibliometrics Use and Abuse in the Review of Research Performance, 87 (4): 17-28.

WHITE HD, GRIFFITH BC, 1981. Author cocitation: a literature measure of intellectual structure [J]. Journal of the American Society for Information Science, 32 (3): 163-171.

WHITTAKER J, 1989. Creativity and conformity in science: titles, keywords and co-word analysis [J]. Social studies of science, 19 (3): 473-496.

WU L, WANG D, EVANS JA, 2019. Large teams develop and small teams disrupt science and technology [J]. Nature: 566, 378-382.

WUCHTY S, JONES BF, UZZI B, 2007. The Increasing Dominance of Teams in Production of Knowledge [J]. Science, 316 (5827): 1036-1039.

陈超美，李杰，2018a. 科学知识前沿图谱理论与实践/陈超美. CiteSpace的分析原理 [C]. 北京：高等教育出版社：1-4.

陈超美，李杰. 2018b. 科学知识前沿图谱理论与实践/李杰. CiteSpace在中文期刊文献的应用现状 [C]. 北京：高等教育出版社：5-23.

李杰，2018. 建筑火灾研究现状的可视化分析 [J]. 消防科学与技术，37 (2): 250-254.

李杰，2019. 国内学者《安全科学》刊文的知识图谱 [J]. 安全，40 (12): 9-14.

李杰，冯长根，李生才，等，2020a. 热爆炸知识域与演化分析 [J]. 安全与环境学报（5）：2018-2023.

李杰，胡志刚，侯剑华，2023. CiteSpace全球应用特征与核心功能演化 [J]. 知识管理论坛，8 (4): 291-302.

李杰，李生才，甘强，2020b. 热爆炸学者的学术群演化 [J]. 安全与环境学报（4）：1596-1601.

李杰，2015. 安全科学知识图谱导论 [M]. 北京：化学工业出版社.

李杰，2025. 科学计量学导论 [M]. 北京：首都经济贸易大学出版社.

参考文献
References

李杰，陈超美，2016．CiteSpace：科技文本挖掘及可视化[M]．北京：首都经济贸易大学出版社．

李杰，陈超美，2017．CiteSpace：科技文本挖掘及可视化[M]．2版．北京：首都经济贸易大学出版社．

李杰，陈超美，2022．CiteSpace：科技文本挖掘及可视化[M]．3版．北京：首都经济贸易大学出版社．

李杰，张琳，黄颖，等，2024．科学计量学手册[M]．北京：首都经济贸易大学出版社．

李杰等，2017．海因里希安全理论的学术影响分析[J]．中国安全科学学报，27（9）：1-7．

梁立明，武夷山，等，2006．科学计量学：理论探索与案例研究[M]．北京：科学出版社．

附录
Appendix

附录1 推荐学习文献

CHEN CM, 2004. Searching for intellectual turning points: progressive knowledge domain visualization [J]. Proceedings of the National Academy of Sciences, 101（suppl_1）: 5303-5310（CiteSpace I：科学发现的转折点）.

CHEN CM, 2006. CiteSpace II: Detecting and visualizing emerging trends and transient patterns in scientific literature [J]. Journal of the American Society for information Science and Technology, 57（3）: 359-377（CiteSpace II：科学发现新兴趋势和演化挖掘）.

CHEN CM, IBEKWE-ANJUAN F, HOU J, 2010. The structure and dynamics of cocitation clusters: A multiple-perspective cocitation analysis [J]. Journal of the American Society for information Science and Technology, 61（7）: 1386-1409（CiteSpace III：聚类标签的提取原理）.

CHEN CM, CHEN Y, HOROWITZ M, et al., 2009. Towards an explanatory and computational theory of scientific discovery [J]. Journal of Informetrics, 3（3）: 191-209（科学发现的计算理论）.

CHEN CM, 2012. Predictive effects of structural variation on citation counts. Journal of the American Society for Information Science and Technology, 63（3）: 431-449（科学知识网络的结构变异理论）.

CHEN CM，LEYDESDORFF L，2014．Patterns of connections and movements in dual-map overlays：a new method of publication portfolio analysis [J]．Journal of the association for information science and technology，65（2）：334-351（科学期刊的全科学图双图叠加）．

CHEN CM，2018．Cascading Citation Expansion [J]．Journal of information science theory and practice，6（2）：6-23（引文级连分析）．

CHEN CM，SONG M，2019．Visualizing a field of research：a methodology of systematic scientometric reviews [J]．PloS one，14（10）：e0223994（引文级连分析）．

CHEN CM，HU Z，LIU S，et al．，2012．Emerging trends in regenerative medicine：a scientometric analysis in CiteSpace [J]．Expert opinion on biological therapy，12（5）：593-608（再生医学领域应用案例）．

CHEN CM，DUBIN R，KIM MC，2014．Emerging trends and new developments in regenerative medicine：a scientometric update（2000-2014）[J]．Expert opinion on biological therapy，14（9）：1295-1317（再生医学领域应用案例）．

CHEN CM，DUBIN R，KIM MC，2014．Orphan drugs and rare diseases：a scientometric review（2000-2014）[J]．Expert Opinion on Orphan Drugs，2（7）：709-724（罕用药与罕见病）．

CHEN C，2017．Science Mapping：a systematic review of the Literature [J]．Journal of Data and Information Science，2（2）：1-40（科学知识图谱领域应用案例）．

CHEN CM，2018．Eugene Garfield's scholarly impact：a scientometric review [J]．Scientometrics，114：489-516（加菲尔德博士论文的挖掘案例）．

CHEN CM, 2012. Turning points: the nature of creativity [M]. Springer Science & Business Media（转折点-创造性的本质）.

CHEN CM, 2013. Mapping Scientific Frontiers: The Quest for Knowledge Visualization [M]. Springer London（科学知识前沿图谱——知识可视化探索）.

CHEN CM, SONG M, 2017. Representing scientific knowledge: The Role of Uncertainty [M]. Springer Cham（科学知识的表示——不确定性的角色）.

LI J, GOERLANDT F, RENIERS G, 2020. Trevor Kletz's scholarly legacy: a co-citation analysis [J]. Journal of Loss Prevention in the Process Industries, 66: 104166（过程安全之父Trevor Kletz的案例研究）.

LI J, GOERLANDT F, RENIERS G, 2021. An overview of scientometric mapping for the safety science community: Methods, tools, and framework [J]. Safety Science, 134: 105093（科学知识图谱数据、工具、方法、流程综述）.

LI J, LIU J, 2020. Science mapping of tunnel fires: a scientometric analysis-based study [J]. Fire technology, 56: 2111-2135（隧道火灾的应用案例）.

LI J, RENIERS G, COZZANI V, et al., 2017. A bibliometric analysis of peer-reviewed publications on domino effects in the process industry [J]. Journal of Loss Prevention in the Process Industries, 49: 103-110（过程安全的多米诺效应研究案例）.

李杰，冯长根，李生才，等，2020. 热爆炸知识域与演化分析 [J]. 安全与环境学报，20（5）：2018-2023.

李杰，冯长根，李生才，等，2023. 谢苗诺夫热爆炸开创性论文的知识扩散研究 [J]. 安全与环境学报，23（1）：72-79.

李杰，李生才，甘强，2020. 热爆炸学者的学术群演化 [J]. 安全与环境学报，20（4）：1596-1601．

李杰，伊宏艳，李乃文，2022．我国事故致因研究团队与热点主题研究 [J]．中国安全科学学报，32（7）：20-27．

李杰，陈伟炯，2017．海因里希安全理论的学术影响分析 [J]．中国安全科学学报，27（9）：1-7．

附录2 常见问题解答

1. CiteSpace的OA学习资料如何获得？

读者可以通过下面渠道获取CiteSpace的相关学习资料（电子资源或视频文件）：

（1）开放科学计量学学习平台：https：//www.metametrix.cn/mooc

（2）CiteSpace资料分享社区：https：//zenodo.org/communities/citespace

（3）科学网博客：http：//blog.sciencenet.cn/u/jerrycueb

（4）CiteSpace官网：https：//citespace.podia.com/

（5）CiteSpace视频资料：https：//space.bilibili.com/508721901

2. CiteSpace名称如何规范？

CiteSpace先后经历了CiteSpace 0.0（2003年9月25日首发）、CiteSpace 1.0（2004年2月23日），CiteSpace 2.0（2005年11月25日）、CiteSpace 3.0（2011年8月24日）、CiteSpace 4.0（2015年9月17日）、CiteSpace 5.0（2016年8月24日）以及CiteSpace 6.0（2022年2月8日），见附图1。因此，在所发表的出版物中会出现各种表述。为方便后来的研究人员获取CiteSpace的相关文献，在应用过程中，建议关键词统一使用CiteSpace，正文中则建议给出详细的软件版本。

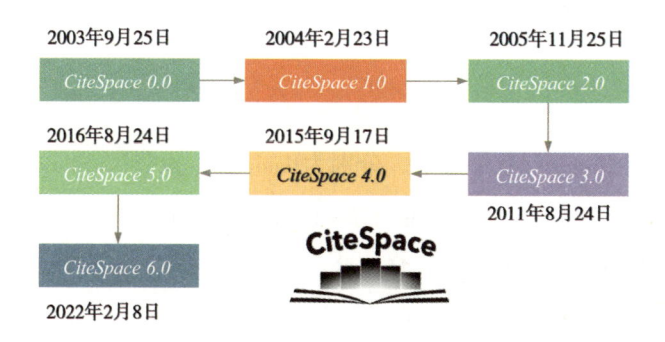

附图1　CiteSpace版本演化历程

3. CiteSpace可以处理哪些数据库的数据？

CiteSpace可处理的常用数据库、数据的预处理步骤及对应的分析维度，如附表1和附表2所示。

附表1　CiteSpace可以处理的常用数据库

编号	数据库名称	是否需要转换	数据预处理步骤
1	WoS	否	WoS转换为其他工具可处理的格式
2	Scopus	是	Data→Import/Export→Scopus→WoS
3	CNKI	是	Data→Import/Export→CNKI→WoS
4	CSSCI	是	Data→Import/Export→CSSCI→WoS
5	CSCD	否	可以直接进行分析

附表2　CiteSpace可以处理的常用数据源及对应功能

数据源 \ 功能	合作网络			共现网络			共被引网络			文献耦合	双图叠加
	作者	机构	国家/地区	关键词	术语	领域	文献	作者	期刊		
WoS	√	√	√	√	√	√	√	√	√	×	√
Scopus★	√	√	√	√	√	×	√	√	√	×	√
CNKI★	√	√	×	√	×	×	×	×	×	×	×
CSSCI★	√	√	√	√	×	×	√	√	√	×	×
CSCD	√	√	×	√	√	×	√	√	×	×	×

注：×不能分析或使用的功能。★原始数据需要进行转换。

4. CiteSpace不同版本有哪些差异？

目前，CiteSpace有三个版本，分别为Basic版（免费）、Standard版（收费）以及Advanced版（收费）。Standard和Advanced在功能上不存在差异，仅仅是在订阅费用和使用期限上不同，具体参见附表3。

附表3 CiteSpace不同版本的权限与功能

类别	功能	Basic版	Standard版	Advanced版
功能许可	有效期	1年	1年	2年
	可用计算机数量	不限制	1台	2台
	网络最大规模	300	100 000	100 000
	最大时间跨度	30	120	120
功能集成	GPT聚类标签的生成		+	+
	Dimensions（API）		+	+
	Semantic Scholar（API）		+	+
数据源	Web of Science	+	+	+
	Scopus	+	+	+
	Dimensions	+	+	+
	CSSCI	+	+	+
	CNKI	+	+	+
	CSV Importer（Generic）		+	+
	MySQL		+	+
	Pubmed		+	+
可视化	聚类视图（Cluster View）	+	+	+
	双图叠加（Dual-Map Overlays）	+	+	+
	时间线视图（Timeline View）	+	+	+
	节点的3D效果（3D Effect）		+	+
	地理可视化（Geographic Map）		+	+
	圆形视图（Circular View）		+	+
	山峦图（Landscape View）		+	+
	SVG视图		+	+
	时区图（Timezone View）		+	+

续表

类别	功能	Basic版	Standard版	Advanced版
分析功能	作者合作网络	+	+	+
	关键词共词网络		+	+
	文献共被引网络	+	+	+
	引文级联分析		+	+
	概念树（Concept Trees）		+	+
	术语共现网络		+	+
	网络结构变异		+	+
	文本处理（Text Processing）		+	+
	不确定性分析（Uncertainty Analysis）		+	+
附加功能	报告生成（Summary Report）	+	+	+
	视频录制（Video Recording）		+	+

注："+"表示该功能在对应版本上是可用的。

5. 全文检索、主题检索和篇名检索的数据结果有什么不同？

使用"全文""主题""篇名""摘要"等字段进行论文检索，是科学知识图谱研究中较为常用的数据检索方法。"全文检索"的意思是所检索的某个主题词只要在整个论文中出现，就会返回到检索记录中；"主题检索"是指所检索的主题词出现在"标题"、"摘要"或"关键词"中，就会返回到结果中；"篇名"检索就是所检索的词汇出现在论文的标题中才返回结果；"摘要"检索就是所检索的主题词出现在摘要中才返回结果。从查全率和查准率的视角来看，条件限定得越严格，查准率就越高，查全率则会降低；条件限定的越宽泛，则查全率越高，查准率会降低。在实际的信息检索中，用户需要根据实际的检索情况来选择恰当的检索策略。在初始的文献检索中，建议采用比较宽泛的主题进行检索，检索方法通常为主题检索（Topic Search）。

6. 所采集的WoS数据为何不能进行文献的共被引分析？

在通过Web of Science检索和导出数据时，有以下两点必须注意。首先，在进入Web of Science数据平台后，要将数据库切换到Web of Science Core Collection进行数据检索。其次，在数据的导出页面上，Record Content（记录内容）一定要选择Full Record and Cited References（全记录与引用的参考文献）。若数据未能按照要求进行检索和导出，将无法进行文献的共被引分析（附图2）。

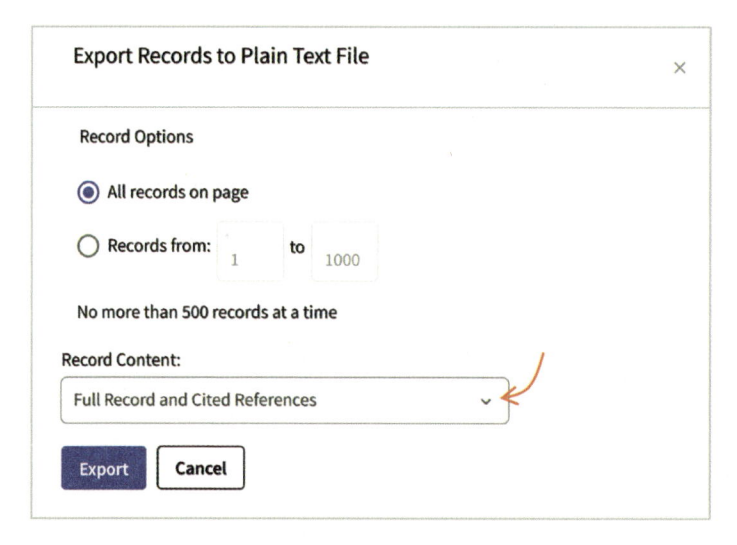

附图2　WoS中数据导出内容的选择

7. 如何快速查看当前文献数据的内容和结构？

若用户需要对当前已下载的数据内容和结构有一个清晰的认识，这里可以使用Sublime Text文档编辑器❶。使用该文档编辑器不仅打开文档的速度快，而且数据结构也一目了然。

8. CiteSpace对数据文件命名有什么要求？

CiteSpace对待分析的论文文本命名有严格的要求，所采集数据的文件名

---

❶ Sublime Text下载地址：https://www.sublimetext.com/.

必须以download开始，例如：download_1-500（注意一些情况下Download不能识别，首字母需要小写）。

9. CiteSpace在版本选择上有什么建议？

CiteSpace会根据用户反馈和最新的研究进展对版本进行升级，建议用户尽可能使用最新版。用户可以通过CiteSpace的唯一官网https：//citespace.podia.com/获取最新版本。

10. CiteSpace中文献的时间有哪些注意事项？

用户所采集的文献数据中包含两种时间：一种是施引文献的时间，一种是被引文献的时间。例如，我们下载了某一主题2001—2010年的数据，这就是施引文献的时间。在软件功能参数区设置时间区间的时候，依据的就是施引文献的时间。如果用户进行的是文献的共被引分析，软件将从2001—2010年施引文献的参考文献中提取数据。这就是为什么有用户存在这样的疑问：文献数据是2001—2010年的，为何在共被引网络中出现了时间区间之外的文献。

11. CiteSpace对文献分析的领域是否有限制？

CiteSpace所分析的文献不受领域的限制，如附图3所示，其应用已经覆盖各个科学领域。在读者印象中，自然科学领域对CiteSpace应用的比较多，且效果比较好。这是因为自然科学的发展、新理论、新概念、新发现等形形色色的变化要比社会科学更为频繁，内容变化幅度大，也较容易捕捉。例如，初期的一些案例就是以自然科学为主的，如弦论（范式的转移）、物种灭绝（证据的影响）、恐怖主义（事件的影响）、再生医学（科学的前沿）等等。随着CiteSpace应用的进一步深入，其在社会科学领域的价值进一步显现，尤其是在科学史、哲学史、社会网络、经济、体育以及管理等方面的应用。

附录
Appendix

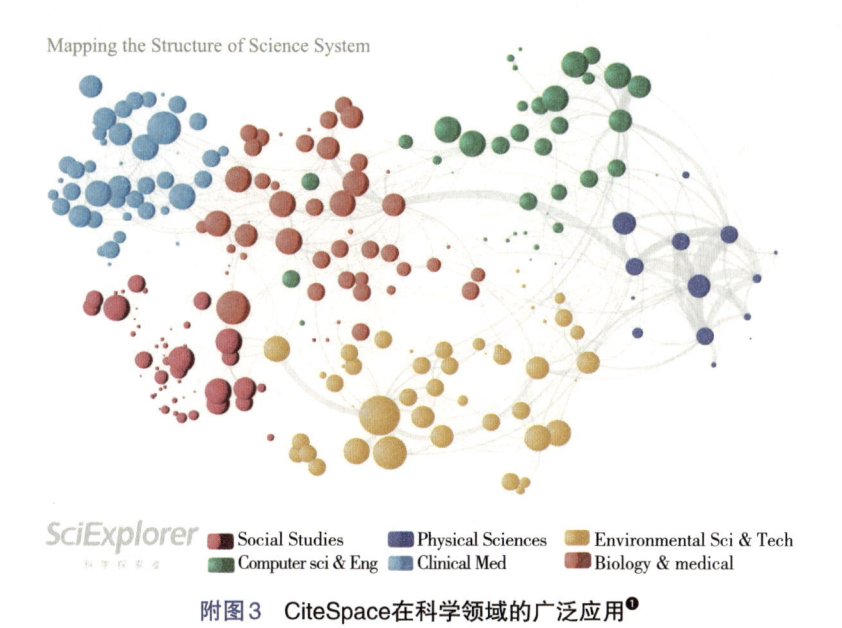

Mapping the Structure of Science System

SciExplorer
■ Social Studies　■ Physical Sciences　■ Environmental Sci & Tech
■ Computer sci & Eng　■ Clinical Med　■ Biology & medical

附图3　CiteSpace在科学领域的广泛应用[1]

12. CiteSpace能生成哪些类型的知识网络？

在CiteSpace中，用户可以构建合作网络（作者、机构以及国家/地区）、共现网络（术语、关键词以及领域）以及共被引网络（文献、作者和期刊），这些都是典型的1模科学知识网络。除了能够生成1模网络外，还可以生成多模网络（又称异质网络）。如Author-Reference（Author-cites-reference，表示作者引用了文献），Author-Category（Author-published in category，表示作者在领域发表了论文）以及Category-Reference（Paper in category cites Reference，表示领域引用了文献）。CiteSpace所分析的网络不限于社会网络。例如，文献共被引网络就不是社会网络，而是更为抽象的概念符号网络（Concept symbols）。

13. 如何选择CiteSpace知识网络的分析类型？

在数据分析中，用户需要根据研究目的选择合适的功能模块。在以往的CiteSpace使用中，存在节点类型和研究目的不匹配的情况，因此，有必要对

---

[1] CiteSpace在各个领域论文产出的数据来源于Web of Science，并通过SciExplorer中的科学结构图叠加分析系统进行了可视化。SciExplorer主页：https：//smartdata.las.ac.cn/SciExplorer。

此进行一定的说明，具体如下：

（1）研究目的：研究前沿+知识基础。节点类型：Reference。

在CiteSpace中，知识基础是由共被引文献集合组成的，而研究前沿是由引用了这些知识基础的施引文献集合组成的。知识基础的聚类命名是由施引文献中提取的名词性术语确定的，这个命名可以认为是对应领域的研究前沿主题。研究前沿是正在兴起的理论趋势和新主题的涌现，共被引网络则组成了知识基础。在分析中，用户可以利用从题目、摘要等部分提取的突发性术语与共引网络的混合网络来进行分析（Chen，2006）。CiteSpace知识基础和研究前沿理论可以表述如下：

一个研究领域可以被概念化成一个从研究前沿$\Psi(t)$到知识基础$\Omega(t)$的时间映射$\Phi(t)$，即$\Phi(t):\Psi(t)\Omega(t)$。CiteSpace实现的功能就是识别和显示$\Phi(t)$随时间发展的新趋势和研究主题的突变。$\Psi(t)$是一组在t时刻与新趋势和突变密切相关的术语，这些术语被称为前沿术语。$\Omega(t)$由出现前沿术语的文章所引用的文章组成，它们之间的关系如下：

$$\Phi(t):\Psi(t)\Omega(t)$$

$$\Psi(t) = \left\{ term \middle| \begin{array}{c} term \in S_{Title} \cup S_{Abstract} \cup S_{descriptor} \cup S_{indentifier} \\ \wedge IsHotTopic(term,t) \end{array} \right\}$$

$$\Omega(t) = \left\{ article \middle| term \in \Psi(t) \wedge term \in article_0 \wedge article_0 article \right\}$$

式中，S_{Title}表示一系列的专业术语（来自标题和摘要等位置），$IsHotTopic(term,t)$表示布尔函数，$article_0 article$表示$article_0$引用article。

（2）研究目的：研究热点+研究趋势。节点类型：Keyword，Term。

研究热点可以认为是某个领域学者共同关注的一个或者多个频繁提及的话题。从字面上理解，研究热点有很强的时间特征。一个专业领域的研究热点持续的时间可能有长有短，在分析时要加以注意。CiteSpace中提供了研究主题的词频、时间趋势以及突发性等分析功能。

（3）研究目的：科学领域结构。节点类型：Category。

对科学领域结构的研究，最直接的方法是使用CiteSpace的领域共现网络进行分析。需要注意的是，这样所得到的结果是偏宏观的。事实上，通过合作网络的聚类、文献的聚类以及主题的聚类等也可以从不同的视角揭示科学研究的结构。选定不同的知识单元进行科学结构分析仅仅是"立足点"不同，有助于用户从不同视角认识科学研究的结构。

14. CiteSpace在分析不同节点类型的知识网络时为何处理速度差异很大？

CiteSpace在处理同一组数据的不同知识单元时，其处理速度是由知识单元的规模决定的。例如，当前处理的论文为施引文献100篇，那么这100篇论文中包含的作者数量可能是100的n倍，机构可能是m倍（这里的m或n均不小于1）。若这100篇论文所刊载的期刊数量为p，那么可以推断出p是小于或等于100的。而这100篇论文所包含的参考文献数量q将会远远大于100。假设一篇论文平均有10篇参考文献，那么这100篇论文的参考文献数量就是论文数的10倍。

15. CiteSpace中网络裁剪的方法有哪些？

网络的裁剪方法可以分为两类：一种是通过网络中连线的权值来进行裁剪（Threshold-based approach）；另一种是通过拓扑算法来进行裁剪（Topology-based approach）。在CiteSpace中，使用了基于拓扑算法的Pathfinder和MST方法进行网络裁剪。其中，Pathfinder的作用是简化并突出网络的主要结构特征，其优点是具有完备性（唯一解）。与Pathfinder相比，MST在运算上则要更加快捷。关于两种方法的比较可参见相关论文[1]。

---

[1] CHEN C. MORRIS S, 2003. Visualizing evolving networks: Minimum spanning trees versus Pathfinder networks. Proceedings of IEEE Symposium on Information Visualization,（Seattle, Washington, 2003）, IEEE Computer Society Press: 67-74.

16. CiteSpace是否支持多任务分析？

CiteSpace支持同时展示多个可视化结果。例如，用户在进行文献的共被引分析之后，可以在不关闭共被引可视化结果的状态下，继续在功能参数区进行共词、合作以及共被引网络的构建。新的任务在执行结束后，会增加一个新的网络可视化界面。

17. CiteSpace年轮图的含义是什么？

引文年轮（Tree Ring History）代表着某篇文章的引文历史，年轮的整体大小反映论文的总被引次数。引文年轮的颜色代表引文统计的对应年份，年轮的厚度和对应时间段论文的总被引次数成正比，如附图4所示。

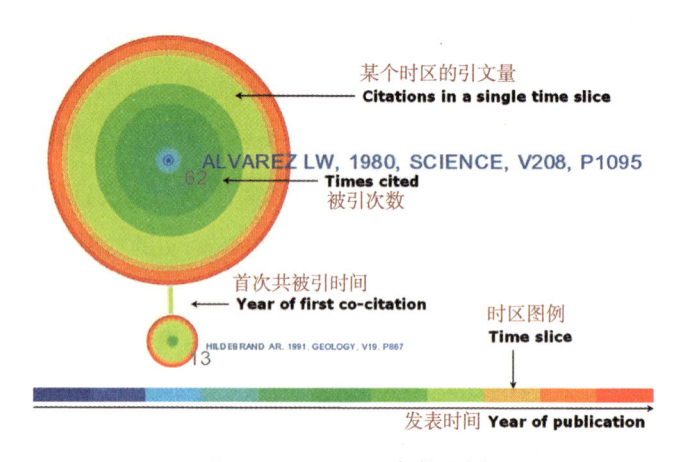

附图4　CiteSpace年轮图例

18. CiteSpace中文献被引频次是如何计算的？

一篇论文被引用了多少次，是由基准数据库决定的。例如，同一篇论文，通过Google Scholar、Web of Science或Scopus检索，被引频次不尽相同。通常，数据库中数据的体量越大，论文在此数据库中得到的期望被引次数也越多。这里，直接从数据库中获得的被引次数被称为全局引证次数（Global Citation Score）；还有一种引用次数是通过本地文献数据集计算的，称为本地引证次数

（Local Citation Score）。在CiteSpace的共被引网络中，论文的被引次数属于本地被引次数，即目标文献被本地施引论文引用的次数。这也就解释了为什么共被引网络中论文的被引频次和Web of Science中是不同的。

19. CiteSpace中如何保存生成的图谱结果？

在可视化界面中，选择▣或▣后，会默认将可视化结果保存在对应项目的project文件下。同时，可视化文件名称会自动依据当前网络节点和连线信息进行命名。如在通过▣保存的可视化文件6.4.R1（64-bit）Advanced-DCAv829e3526.viz.json中，6.4.R1（64-bit）Advanced表示CiteSpace的版本号；DCA表示所分析的网络类型（即Document Co-Citation Analysis），这里为文献的共被引分析；v表示vertices节点，829表示节点数量；e表示edges，3526表示边的数量。通过▣保存的结果为静态的png图片，默认名称为DCA_v829e3526.png。

20. CiteSpace中是如何反映时间因素的？

文献的共被引网络中，连线的颜色反映了两篇论文首次共被引的时间。通过对整个网络中共被引关系的时间变化分析，在一定程度上对认识领域的时间演化有一定的帮助。此外，用户还可以根据聚类中文献的平均出版年进行聚类颜色的填充，这样就可以帮助用户快速认识领域的时间发展趋势（附图5）。

21. CiteSpace中如何自定义聚类名称？

用户在CiteSpace中对聚类标签进行自定义的步骤为：首先在project文件夹中创建一个纯文本，然后在文本中输入两列信息。第一列输入聚类的编号，第二列输入用户定义的聚类标签。第一列和第二列之间使用Tab分隔，每一个聚类占一行。文档编辑完成后，将文件保存为cluster_labels.tsv。最后，在可视化界面中，点击USR，加载该文件即可。

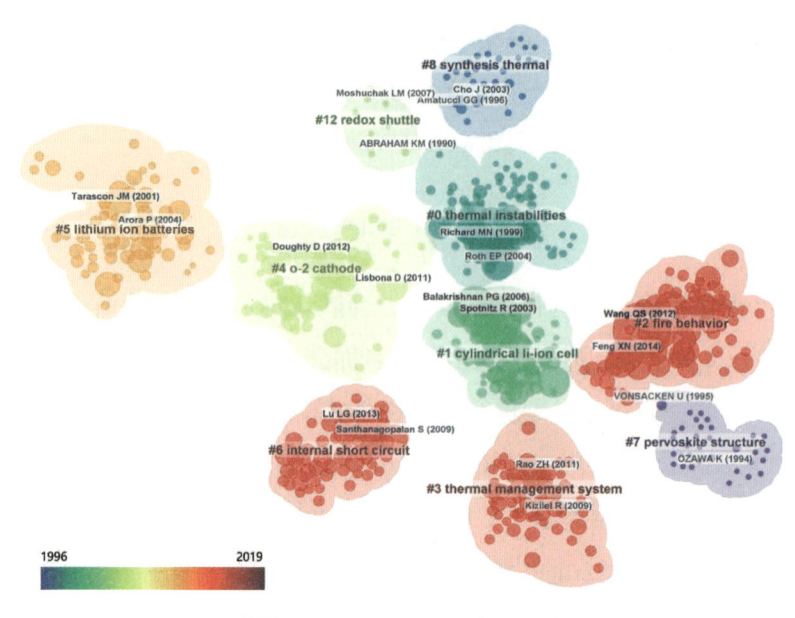

附图5　CiteSpace网络色彩渐变

22. CiteSpace中的中文文献聚类标签问题。

对来自CNKI、CSSCI以及万方等数据库的中文论文，从标题中提取聚类标签存在问题。这是因为，CiteSpace从标题中提取聚类标签的算法是针对英文文本开发的，不能对中文文本进行处理。在中文论文的数据分析中，用户需要选择从K（关键词）中提取。此外，在对相关数据库的数据转换中，CiteSpace会将中文论文的英文标题映射到TI字段，此时用户是可以从TI中正常提取出英文标签的。

23. CiteSpace中有哪些节点重要性测度方法？

节点按照不同的重要性进行显示有利于快速捕捉网络中的重要情报信号。在CiteSpace生成的网络中，常常通过节点的被引次数（或出现次数）和节点的中介中心性来对节点重要性进行测度。此外，软件中的Sigma指标综合了中介中心性（节点在网络结构中的影响）和突发性（节点在时间上的影响）来测度节点的重要性，计算公式为Sigma=Math.pow（Centrality+1，Burstness）。不同的节点测度方式，呈现了节点不同的重要度指标，在数据可视化中，用户可以根据实际情况进行选择。

24. CiteSpace网络中的中介中心性为何为0？

在CiteSpace中，当节点数量大于750时，软件不再自动计算中介中心性。在这种情况下，当用户进入可视化界面后，会发现左侧文献列表中的中介中心性数值为0。此时，用户需要通过菜单栏Nodes→compute node centrality来计算中介中心性。此外，用户可以在CiteSpace功能参数区的Preferences菜单中，对默认计算中心性的节点数进行调整，如附图6所示。

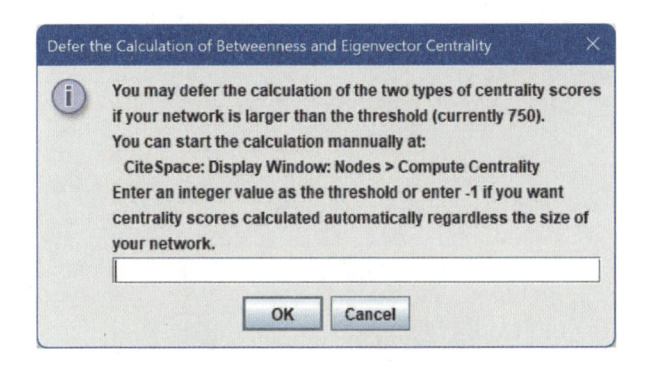

附图6　Preferences偏好设置

25. 如何解决Sigma为0的问题？

Sigma是中介中心性和突发性指标综合后的复合指标。因此，在没有进行中介中心性和突发性计算时，表格中的Sigma值为0。

26. 如何在网络中快速锁定某个节点？

CiteSpace可视化界面的信息检索框可以帮助用户快速锁定网络中的特定节点。此外，该功能还可以用于对相似作者、关键词以及文献等对象的查询，为下一步消歧提供方便。

27. CiteSpace中节点频次突发性的含义和应用是怎样的？

在CiteSpace中，使用克莱因伯格算法对词频、被引次数以及发文数量等进行突发性探测。在可视化结果中，某个聚类中所包含的突发性节点越多，那么该领域就越活跃（Active Area），这可能反映了研究的新兴趋势（Emerging trend）。在科学知识网络可视化中，具有突发性特征的节点，其突发性出现的年份将使用红色填充（附图7）。

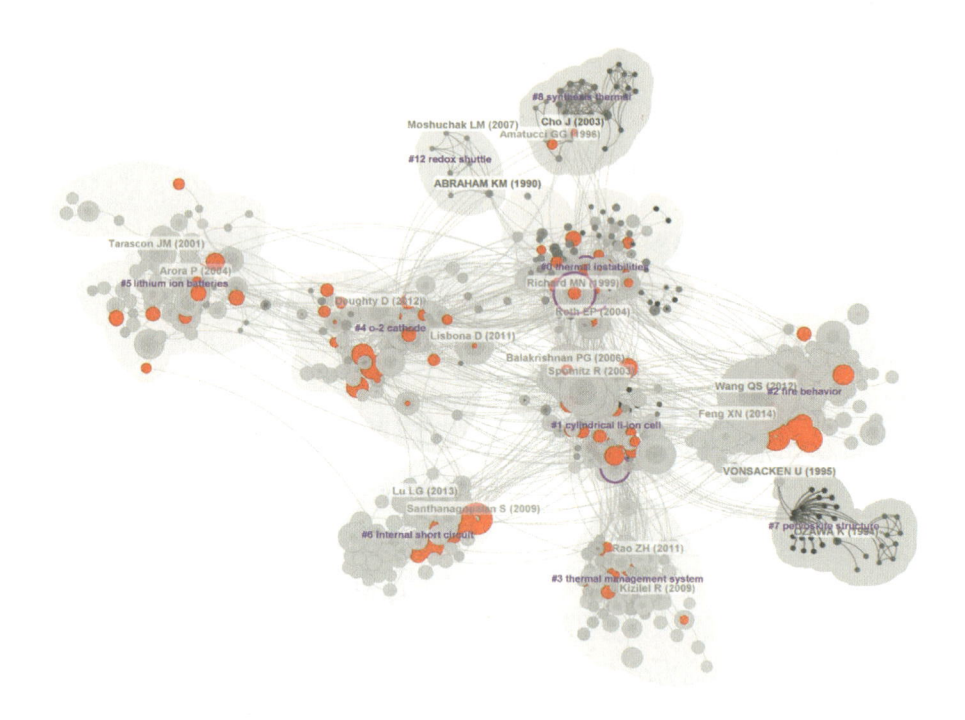

附图7　CiteSpace网络中的突发性节点（红色节点）

进行突发性探测，除了使用Citation/Frequency Burst，还可以通过控制面板（Control Panel）中的Burstness，如附图8。在分析中，快捷的突发性探测分析使用的是默认参数，控制面板则可以对突发性参数进行设置，以增加或减少突发性结果的数量。例如，附图8中，提高了参数$f(x)=\alpha e^{-\alpha x}$、$a_1/a_0$值，点击Refresh后，软件会重新计算突发性结果。不难发现，具有突发性特征主题的数量从101增长到306。用户也可以尝试修改γ[0, 1]值，来观察突发性探测结果的变化情况。

附录
Appendix

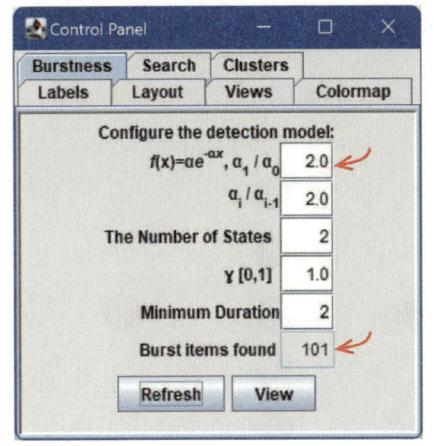

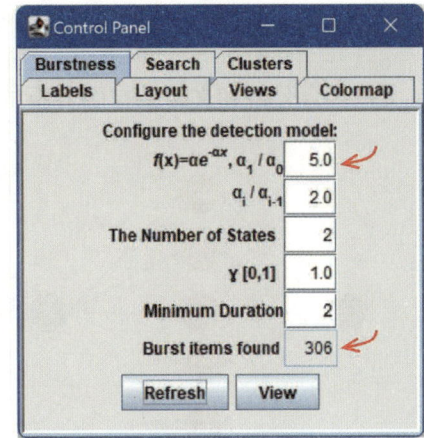

附图8　突发性探测参数更新前后

28. CiteSpace运行的结果保存在哪里？

CiteSpace运行的结果都默认保存在project文件夹中。这些文件对认识CiteSpace数据分析的原理很有帮助，用户可以尝试使用文本编辑器查看这些结果。例如，在参数设置结束后，点击Start！就会在project文件夹中产生citespace.config、citespace.parameters等新文件。其中，citespace.config保存了建立项目的基本参数配置，citespace.parameters则包含了CiteSpace功能参数界面中参数的设置情况。

点击Start并完成数据分析后，软件会提示是否Visualize结果。点击Visualize并进入CiteSpace的可视化界面，此时，在project中会出现类似275.graphml的文件。该文件的命名为275，说明当前保存的网络中包含275个节点。其中，可以使用Gephi对Graphml文件进行进一步的可视化分析。

在可视化界面中，依次完成网络聚类、聚类命名后，会在project中出现一个独立的Cluster文件夹。该文件夹中保存了各个聚类中详细的文献信息（每个聚类文件夹包含一个.txt和.xml文档），用户可以进一步对这些聚类内部的文献进行挖掘。

29. 文献耦合与文献共被引有哪些不同？

文献耦合分析和文献共被引分析的原理，如附图9所示。

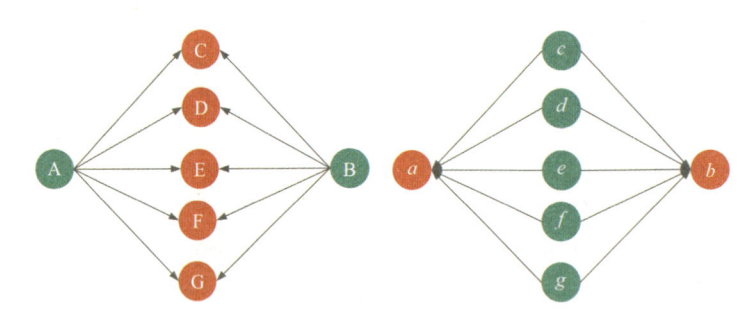

文献耦合分析：施引论文A和B是相关的，因为它们都引用了论文C、D、E、F和G。

文献共被引分析：被引论文a和b是关联的，因为它们都被论文c、d、e、f和g引用了。

附图9　文献耦合与文献的共被引（李杰，2025）

文献耦合分析：①反映了施引文献之间的关系；②必须由两个或两个以上的施引文献共同建立；③关系媒介是被引文献；④使用"耦合强度"来衡量相似性，即具有相同参考文献的数量；⑤耦合强度不会随着时间发生变化，表示施引文献之间固定而长久的关系，反映静态结构。

文献共被引分析：①反映被引文献之间的关系；②可以由一个施引文献单独建立；③关系媒介是施引文献；④使用"共被引强度"来测度相似性，即"共同的施引文献数"；⑤共被引强度会随着时间变化，表示被引文献之间暂时的关系，反映的是动态结构。

30. CiteSpace的Signature具体代表什么含义？

下面以附图10为例进行说明。

Citespace，v.6.4.R1（64-bit）Advanced，表示当前所使用软件的版本信息。

January 4，2025，4：19：05 PM CST，表示数据分析的详细时间。

附录
Appendix

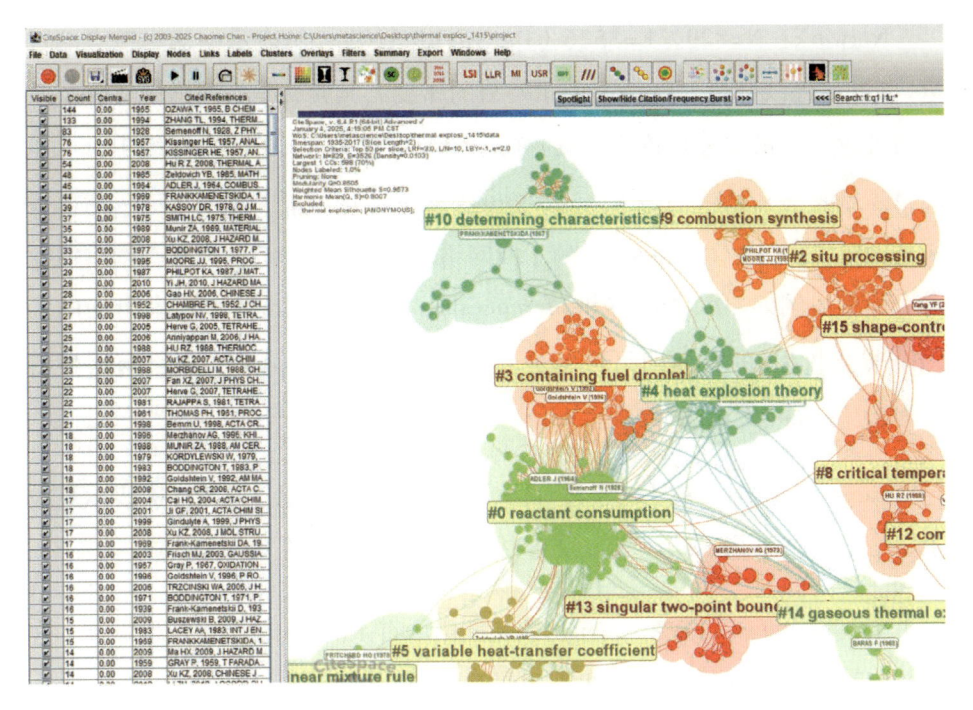

附图10　CiteSpace中的Signature

WoS：C:\Users\metascience\Desktop\thermal explosi_1415\data，表示数据文件夹在电脑上保存的路径。

TimeSpan：1935-2017（Slice Length=2），表示所分析的时间区间，括号中的信息表示时间切片，具体含义是把这个时间区间按照多少年为一段进行切割。

Selection criteria：Top 50 per slice，表示每个时间切片内知识单元的选取阈值。例如，这里表示提取了每个时间切片被引排名前50的施引文献来构建共被引网络。LRF=3，即Link Retaining Factor：k，这个参数调节link的取舍。保留最强k倍于网络大小的link（这里的k=3），并剔除剩余的。LBY=-1，即Look Back Years：n，调节link（例如：共被引关系）在时间上的跨度不大于n年，-1为无限制。e即$TopN=\{n|f(n)\geq e\}$，表示对节点最低频次的设置。这里e=2，表示提取的对象至少出现（或被引）2次。

177

Network：N=829，E=3526（Density=0.0103），N表示网络中节点的数量，E表示连线数量。Density表示网络的密度，其含义是指网络中实际关系数与理论上的最大关系数的比值。在一个节点数量为 n 的无向网络中，可能的最大关系数为 $C_n^2 = n(n-1)/2$，若实际的关系数为 m，那么该网络的密度为 $2m/[n(n-1)]$。CiteSpace中的1模网络都为无向网络，2模混合网络通常是有向的（例如，混合terms和references时，从terms到references是有向的）。一个节点数为n的有向网络，其最大关系数量为 $n(n-1)$，那么网络的密度为 $m/[n(n-1)]$。

Largest 1 CCs：588（70%），表示最大子网络的信息，这里588表示最大子网络中共包含了588个节点，占整体网络829个节点的70%。

Nodes labeled：1.0%，表示可视化网络中有1.0%的节点显示了标签，这个数值可以在Project项目管理界面中修改。

Pruning：None，表示网络裁剪的方法，这里None表示没有裁剪。若使用了裁剪功能则会显示Pathfinder（寻径算法）或MST（最小树算法）。

Modularity和Silhouette两个参数用来对聚类的效果进行评价。

在参数设置没有发生变化的情况下，有些用户在重新运行数据后，网络的布局发生了一些变化。是不是结果不一样了？这里需要说明，只要左上角的参数没有变化，就说明前后两次运行得到的网络是一样的，结果自然也是一样的。网络布局在二维空间上的差异不影响实际的结果。

31. CiteSpace中如何选择聚类命名的算法？

科学知识网络在二维空间的布局稳定后，可以使用不同的方法对网络的聚类结果进行命名。通常，推荐从标题（T）中，使用LLR算法提取聚类标签。此外，用户还可以通过LLR等算法从关键词（K）、摘要（A）、研究领域（Subject Category）和被引文献（Cited Reference）中提取聚类标签。例如，附

图11分别给出了从SC与CR字段提取的聚类名称，SC聚类名称来自施引文献所属的领域名称，CR聚类标签来自参考文献中包含的期刊信息。对于聚类的解读，用户则可以从两个方面考虑：①结合软件所提供的聚类测度指标来评价聚类的效果；②结合所分析的领域，突出分析结果在领域内的可解释性，特别是新发现。

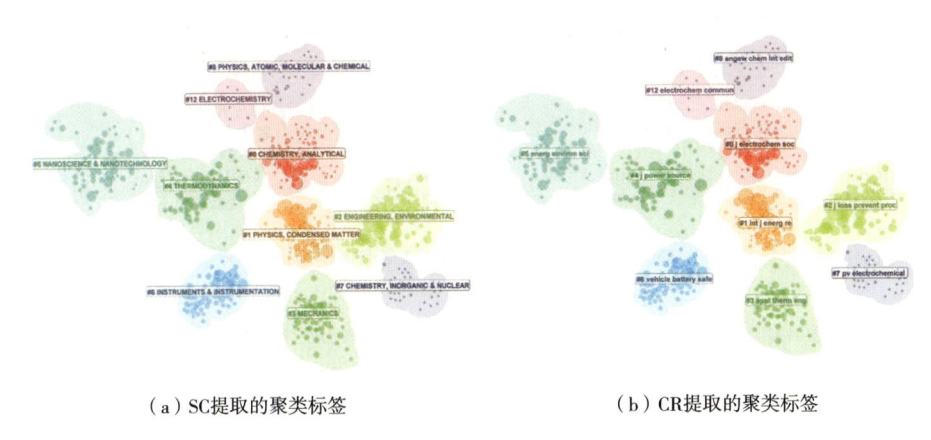

（a）SC提取的聚类标签　　　　　　　　（b）CR提取的聚类标签

附图11　SC和CR提取的聚类标签

32. CiteSpace概念模型是如何在软件内部体现的？

CiteSpace的文献共被引分析是其最具特色的知识图谱分析功能。在数据分析中，陈超美创新性地将被引文献、施引文献以及施引主题结合起来，提出了CiteSpace的概念模型，实现了知识基础和研究前沿之间的映射关联（附图12）。在实际的数据分析中，CiteSpace设计了Cluster Explorer模块来呈现概念模型的理念（附图13），以辅助用户深度理解当前的文献共被引网络。

附图13中，窗口❶显示了三种方法得到的聚类命名（从施引文献中提取的研究前沿术语）。该窗口的信息还可以通过菜单Cluster中的Summary Table|Whitelist获得。

CiteSpace：科技文本挖掘及可视化

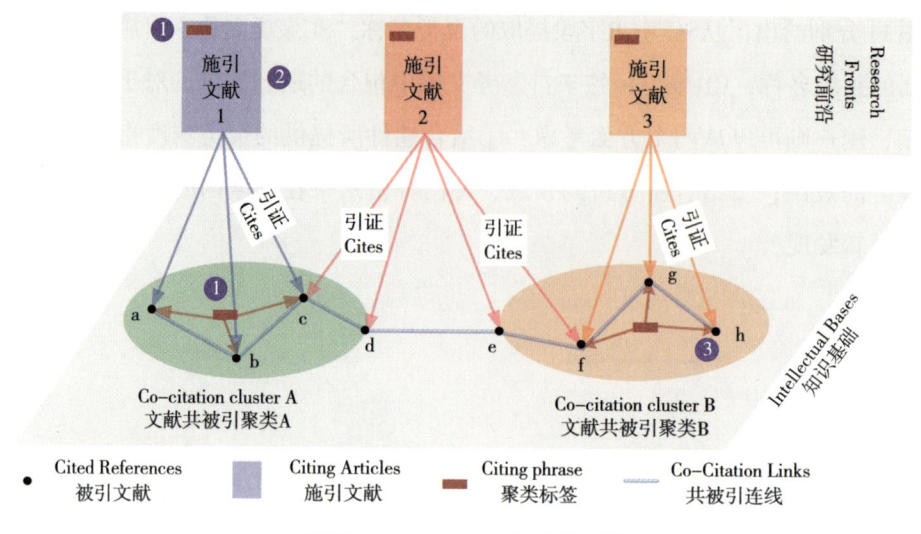

附图12　CiteSpace概念模型[1]

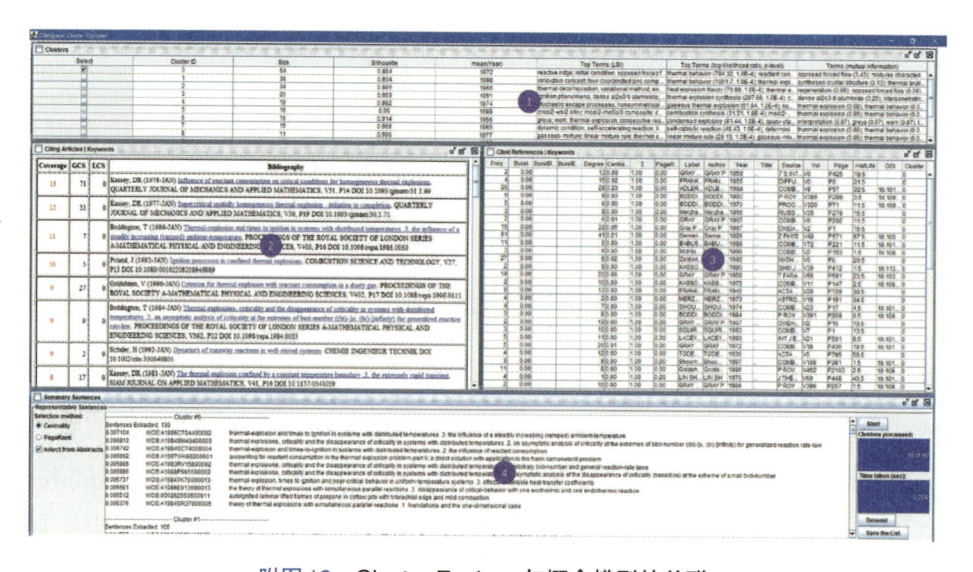

附图13　Cluster Explorer与概念模型的关联

窗口❷显示的是施引文献，这些文献代表了研究前沿。Coverage表示该论文引用对应聚类中的文献数量。GCS表示对应文献在Web of Science中的被引

---

[1] CHEN C，2006. CiteSpace II: Detecting and visualizing emerging trends and transient patterns in scientific literature［J］. Journal of the American Society for Information ence and Technology,57（3）: 359–377.

180

次数；LCS表示该论文在所下载数据集中的被引次数。例如，13| 71|0|Kassoy, DR（1978-JAN）Influence of reactant consumption on critical conditions for homogeneous thermal explosions.QUARTERLY JOURNAL OF MECHANICS AND APPLIED MATHEMATICS, V31, P14 DOI 10.1093/qjmam/31.1.99 表示该论文引用了聚类#0中的13篇论文。该论文在Web of Science被引用了71次，在所下载的数据集中被引用了0次。此外，聚类中施引文献的信息也可以通过选择聚类中的任意文献，再右击菜单中的List citing papers to the Cluster获取。在该界面中，可以得到关键词词频列表（Keywords）、该类中高被引施引文献列表（Citing Titles）、该类施引文献详细列表（Bibliographic Details）和引用该类中被引文献的数量（方括号中的数字）。

窗口❸显示的是被引文献（这些文献反映的是知识基础），是当前网络中所包含的文献。

窗口❹显示的是从施引文献的摘要中，按照Centrality或PageRank算法提取句子，这些句子有利于用户深入理解各个聚类中的研究内容。

33. CiteSpace数据分析中的不相关结果。

在采集的数据中包含一定量的不相关结果在所难免。这些不相关的结果，难免会给分析带来一些困扰。特别是当审稿专家提出数据的准确性问题时，很多作者更是难以回答。在面对这种问题时，建议用户将注意力集中在对最大子网络的分析上。

分析中见到的不相关结果主要表现在两个方面：① 内容上与所分析主题没有关系。这属于数据中存在的噪声，比如同样的缩写表示不同的主题。② 内容与主题是相关的，但是因用户缺乏该方面的知识而难以理解。第2类情况是发挥CiteSpace价值的一个重要方面，它可能导致新发现。例如，在对再生医学文献的研究中，通过这种"不相关"的结果的分析，发现了graphene在再生医学中新出现的作用[1]。

34. CiteSpace中的作者发文量是如何计算的？

在CiteSpace中，作者的发文量是按照作者在论文中出现的次数决定的，例如，张三的发文量为20篇，就说明有20篇论文的作者字段中出现了张三。该方法忽略了作者在论文中的排名和实际贡献，且统计时每一位作者都记为1。这种统计作者发文量的方法也被称为整体计数法（Full counting）。与该计数方法对应的是分数计数法（Fractional counting），具体含义是指：每一位作者在每一篇论文中的贡献是相同的，且每一篇论文的总贡献为1，那么每一位作者的贡献就为$1/n$，并以此计算每一名学者的总论文数。

35. CiteSpace中如何对作者的姓名进行消歧？

在合作网络中，若要将HU R Z合并到HU RZ，可以按照以下步骤进行操作：选中节点HU RZ，右击Add to the Alias List（primary）；选择HU R Z，右击选择Add to the Alias List（secondary）。完成以上步骤后，软件会提示用户The Alias will be in effect when you run GO! Next time（重新运行数据后将完成作者合并）。执行并完成合并步骤后，在该项目的project文件夹中会生成一个名称为citespace.alias文件，用户可以直接编辑该文件，并实现作者的批量消歧。

若要排除网络中的节点，用户首先需要选中目标节点，然后右击选择Add to the Exclusion List，重新运行数据后就会实现排除。类似的，用户也可以在project文件夹中打开citespace.exclusion文件，进行批处理文件的构建。最后，被排除的作者信息将出现在Signature中。

36. CiteSpace中共词分析有哪些类型？

CiteSpace中可以构建两种类型的共词网络：一种是通过作者关键词或补

---

[1] CHEN C, DUBIN R, KIM M C, 2014. Emerging trends and new developments in regenerative medicine: a scientometric update（2000－2014）[J]. Expert Opinion n Biological Therapy, 14（9）: 1295.

充关键词直接构建，在分析中，Node Types需要选择Keyword；另一种是通过对论文标题、作者关键词、补充关键词以及摘要中的名词性术语进行处理后来构建，在分析中，Node types要选择Term。

37. CiteSpace中如何对主题词进行消歧？

在主题共现分析中，要特别注意主题的异形同义现象，如英美写法、单复数、缩写、词性等问题。对于此类问题，可以通过CiteSpace的主题消歧进行处理，具体步骤为：①在可视化界面中，选中对象节点（例如，thermal explosion limits），然后选择Add to the Alias list（Primary）；再按照类似的步骤，选中节点thermal-explosion limit，然后再选择Add to the Alias list（Secondary）。此时，在可视化界面中，会出现提示信息The Alias will be in effect when you run GO! Next time，表明节点的合并文件已经生成。用户只需要返回到功能参数区，再点击Start重新执行数据分析即可。在新得到的可视化网络中，thermal explosion limits与thermal-explosion limit被统一合并为thermal explosion limits。在可视化界面中，只要进行了节点的合并操作，就会在project文件夹中生成一个citespace.alias文件。用户可以通过编辑该文件实现主题的批量消歧。在CiteSpace中，这种对关键词进行合并的方法也适用于其他类型的网络（例如，作者、期刊、文献以及机构等消歧）。

38. CiteSpace如何输出其他可视化工具可分析的文件？

VOSviewer、Pajek以及Gephi等工具在网络可视化上有明显优势，为了充分发挥好这些工具在CiteSpace构建科学知识图谱中的作用，用户可以在CiteSpace可视化界面的Export菜单中将结果导出为GEXF（Save as GEXF）、paj（Save as a Pajek project）、net（Save as a Pajek .net with time intervals）以及DL等格式，然后导入这些工具中，进一步进行可视化计算。例如，附图14所示为通过Gephi软件对CiteSpace导出的合作网络进行的可视化分析。

CiteSpace：科技文本挖掘及可视化

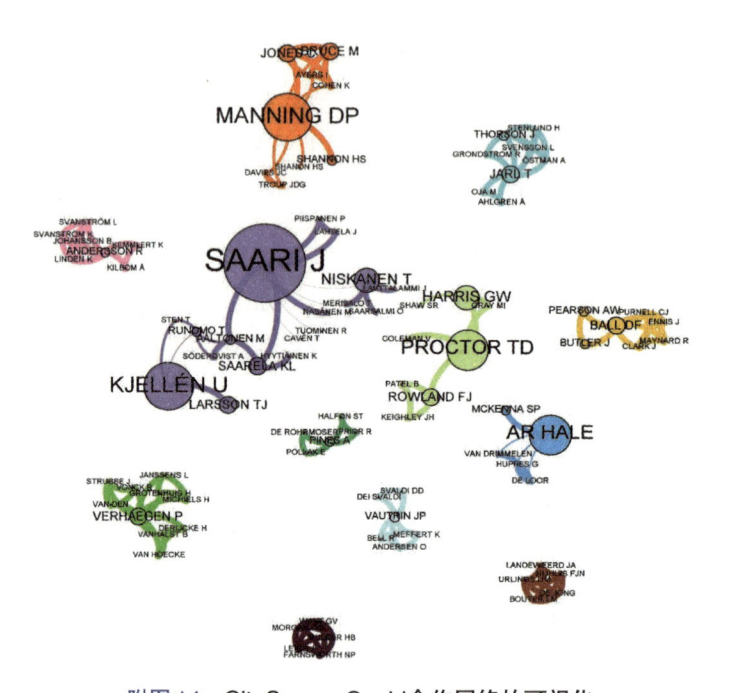

附图14　CiteSpace+Gephi合作网络的可视化

附录3 基础学习视频

（微信扫码观看）

Introduction to CiteSpace
（通过AI生成）

CiteSpace原理解读

CiteSpace经典案例

Delineating the Scholarly Landscape of a Research Field

研究领域的形成、发展和消亡

Visualizing the landscape of a research topic with CiteSpace

The Role of Network Overlay in CiteSpace

CiteSpace对未来科学潜在发展的研究

《自然》150年引文空间

库恩的常规科学

库恩的科学革命

库恩的不可通约性与科学进步

附录 4 术语中英对照

简称	全称	对照中文
ACA	Author Co-Citation Analysis	作者共被引分析
	Betweenness Centrality	中介中心性
	Bibliographic Coupling Analysis	文献耦合分析
	Burst Detection	突发性探测
CSCD	Chinese Science Citation Database	中国科学引文数据库
CSSCI	Chinese Social Sciences Citation Index	中文社会科学引文索引
	Citation Analysis	引文分析
CiteSpace	Citation Space	引文空间
	Cited Article	被引文献
	Citing Article	施引文献
COA	Coauthorship Network	合作网络
	Co-Words Analysis	共词分析
DCA	Document Co-citation Analysis	文献共被引分析
	Eigenvector Centrality	特征向量中心性
	g-Index	g指数
	Global Citation Score	全局被引次数
	Intellectual Base	知识基础
JCA	Journal Co-Citation Analysis	期刊共被引分析
LSI	Latent Semantic Indexing	潜在语义索引
	Local Citation Score	本地被引次数
MST	Minimum Spanning Tree	最小生成树
	Modularity	模块化测度
MI	Mutual Information	互信息
	Pathfinder Network Scaling	寻径网络
	Research Front	研究前沿

简称	全称	对照中文
	Research Hotspots	研究热点
	Sigma	综合指标
	Silhouette Coefficient	轮廓系数
SVA	Structural Variation Analysis	结构变异分析
	Structure Hole	结构洞
	Thresholds	阈值
	Time Slicing	时间切片
	Turning Points	转折点
U180	Usage over the last 180 days	过去180天的使用情况
U2013	Usage since 2013	自2013年以来的使用情况
WoS	Web of Science	Web of Science数据库
Categories	WoS categories	WoS类别

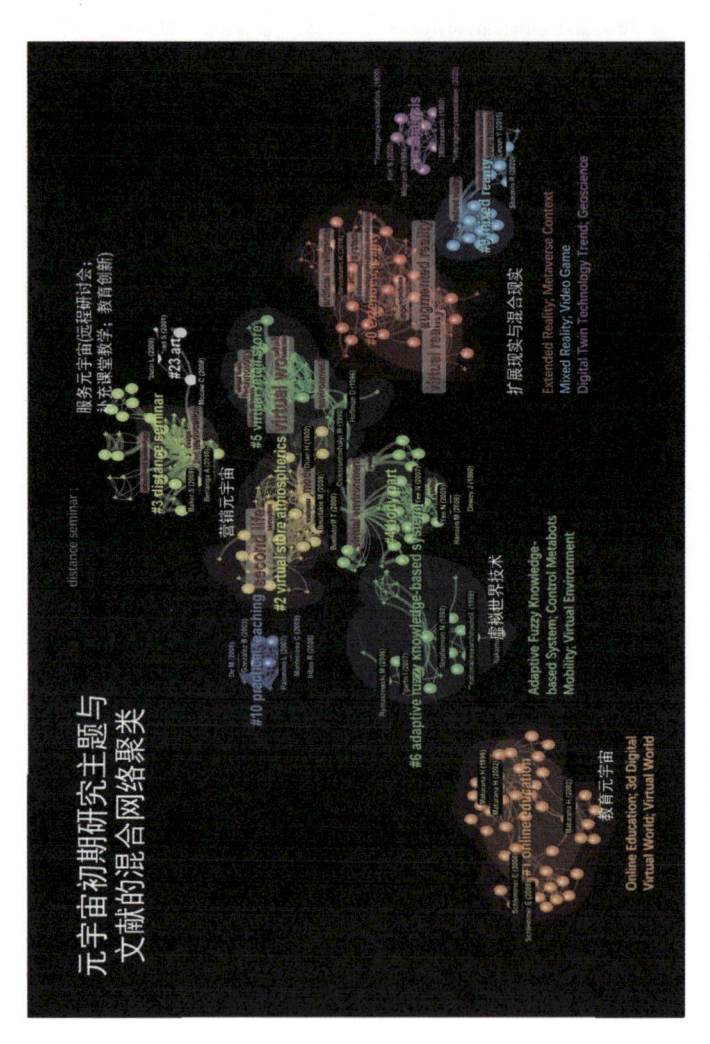

附录 5 案例图谱展示（附图 15~25）

附图 15 元宇宙初期研究的主题-文献混合网络聚类[1]

---

[1] 李杰，2022. 元宇宙科学研究态势观察［EB/OL］.［2022-05-09］. https://doi.org/10.5281/zenodo.15055755.

附录
Appendix

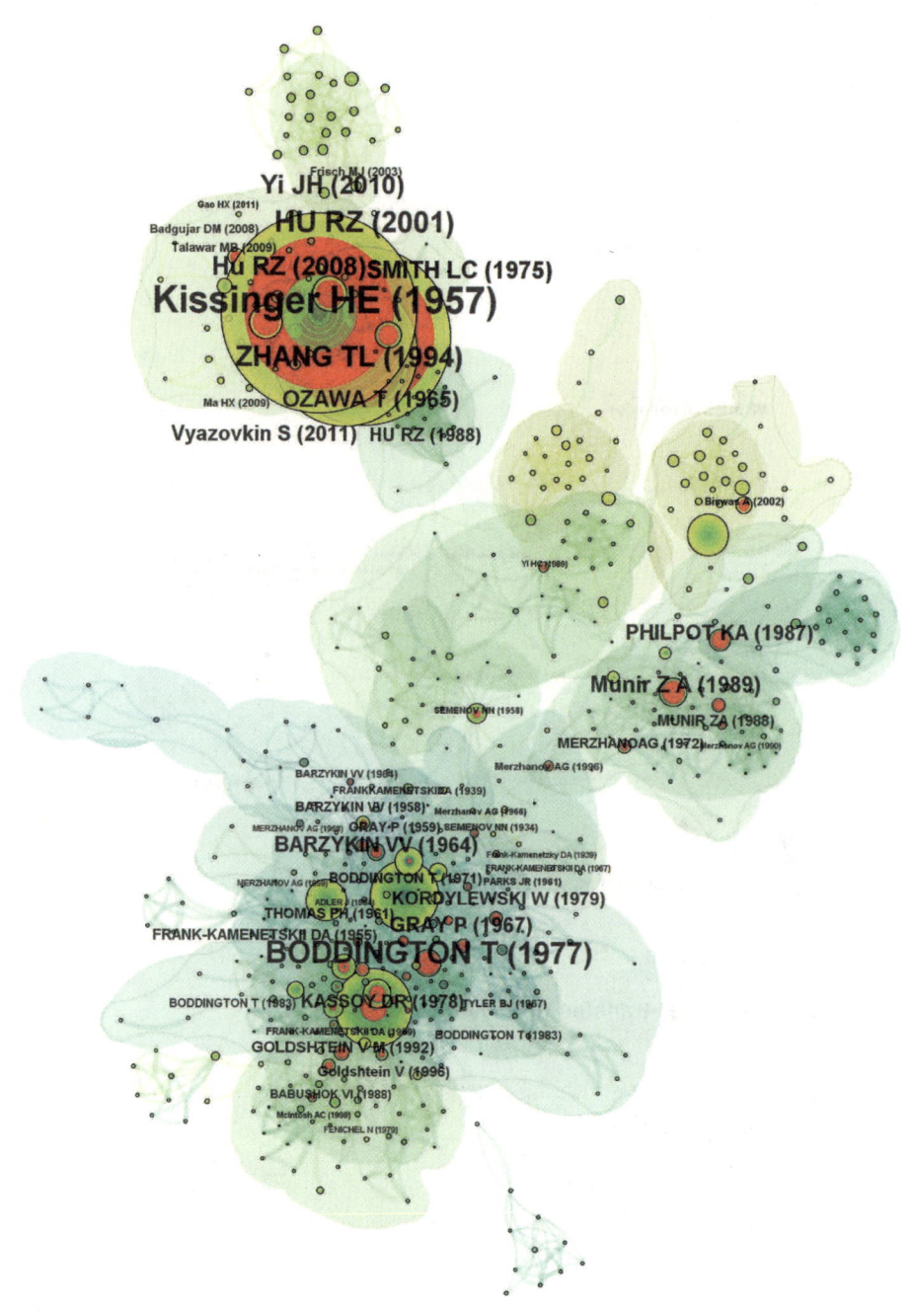

附图16　热爆炸研究的文献共被引网络及引用突显[1]

---

[1] 李杰，冯长根，甘强，等，2022. 安全科学学术地图：热爆炸卷［M］. 北京：北京理工大学出版社.

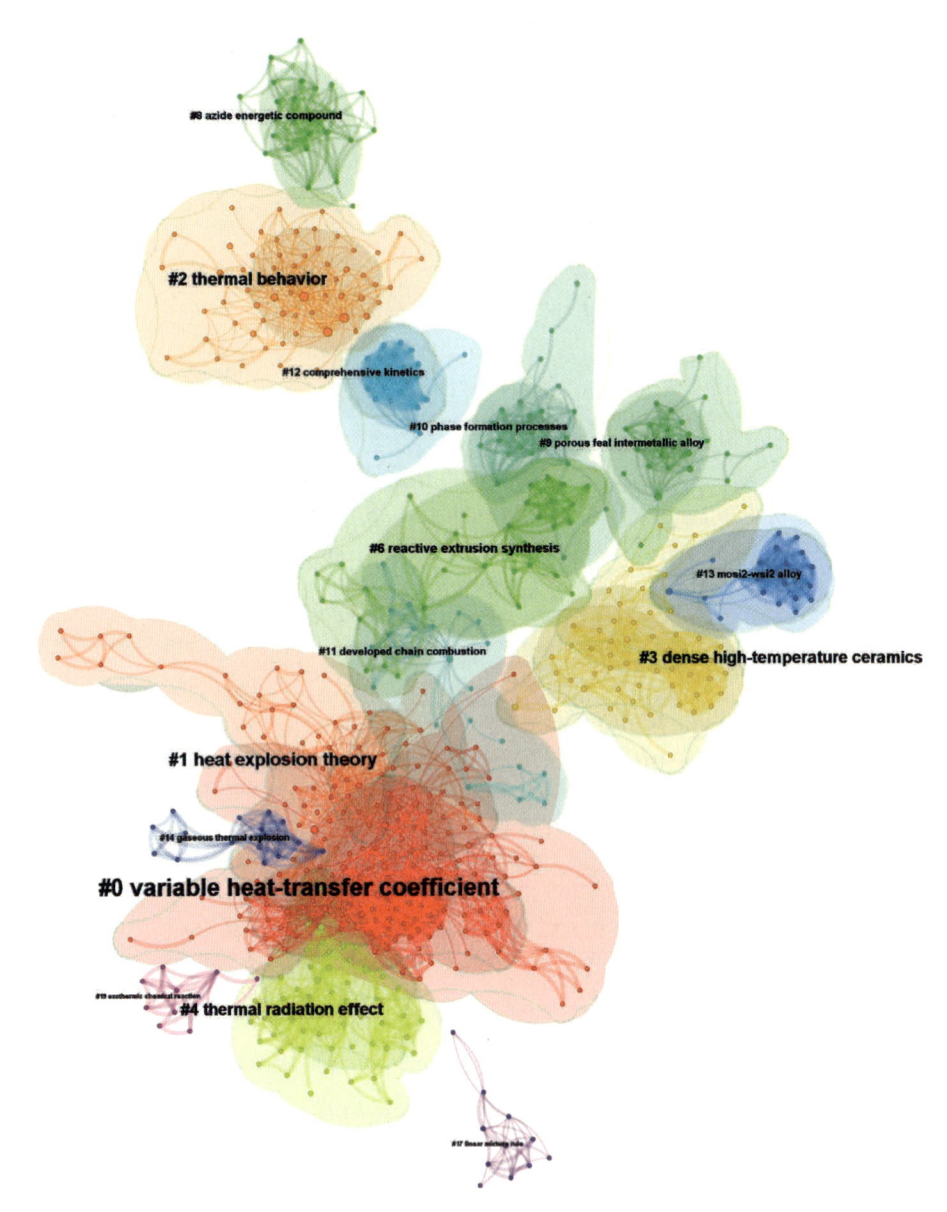

附图17　热爆炸研究的文献共被引聚类

附录
Appendix

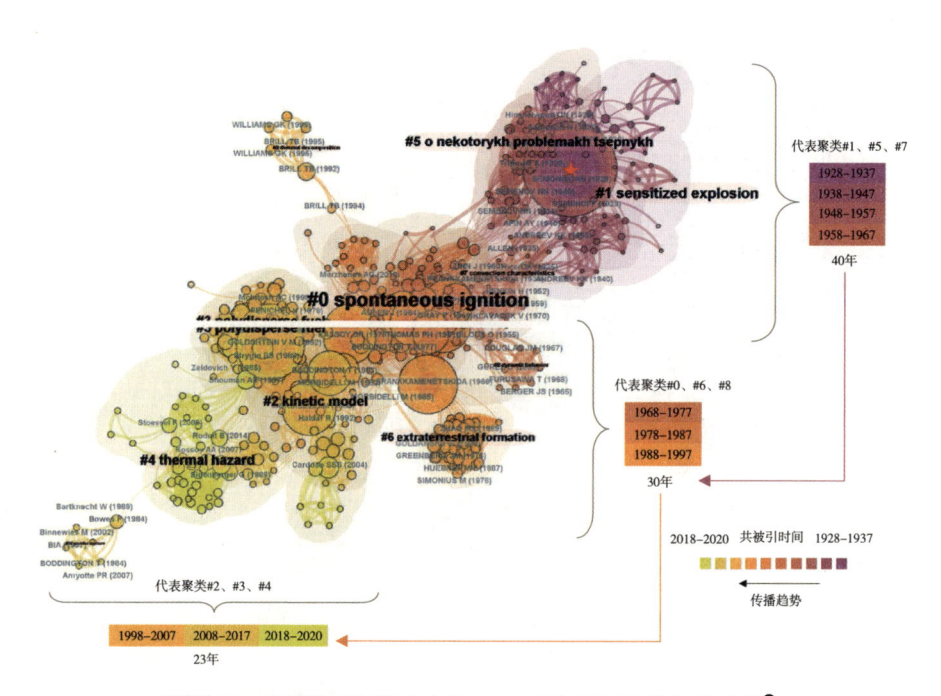

附图18 热爆炸开创性论文Semenoff（1928）的知识扩散[1]

---

[1] 李杰，冯长根，李生才，等，2023. 谢苗诺夫热爆炸开创性论文的知识扩散研究[J]. 安全与环境学报，23（1）：72-79.

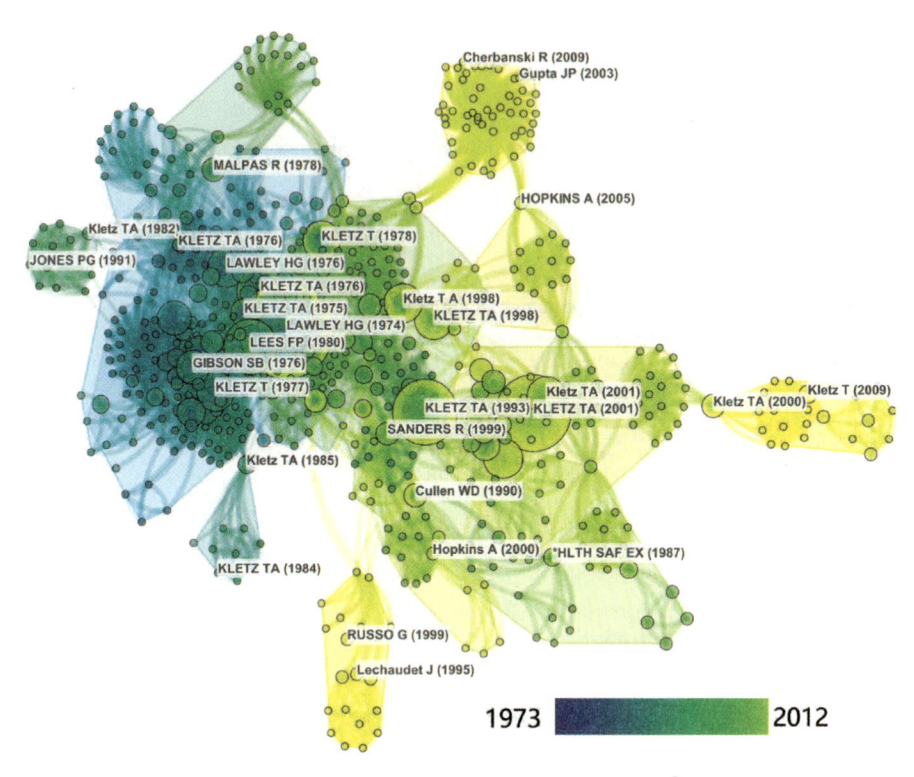

附图19　Kletz博士论文的共被引网络聚类[1]

---

[1] LI J, GOERLANDT F, RENIERS G, 2020. Trevor Kletz's scholarly legacy: a co-citation analysis [J]. Journal of Loss Prevention in the Process Industries, 66: 104166.

附录
Appendix

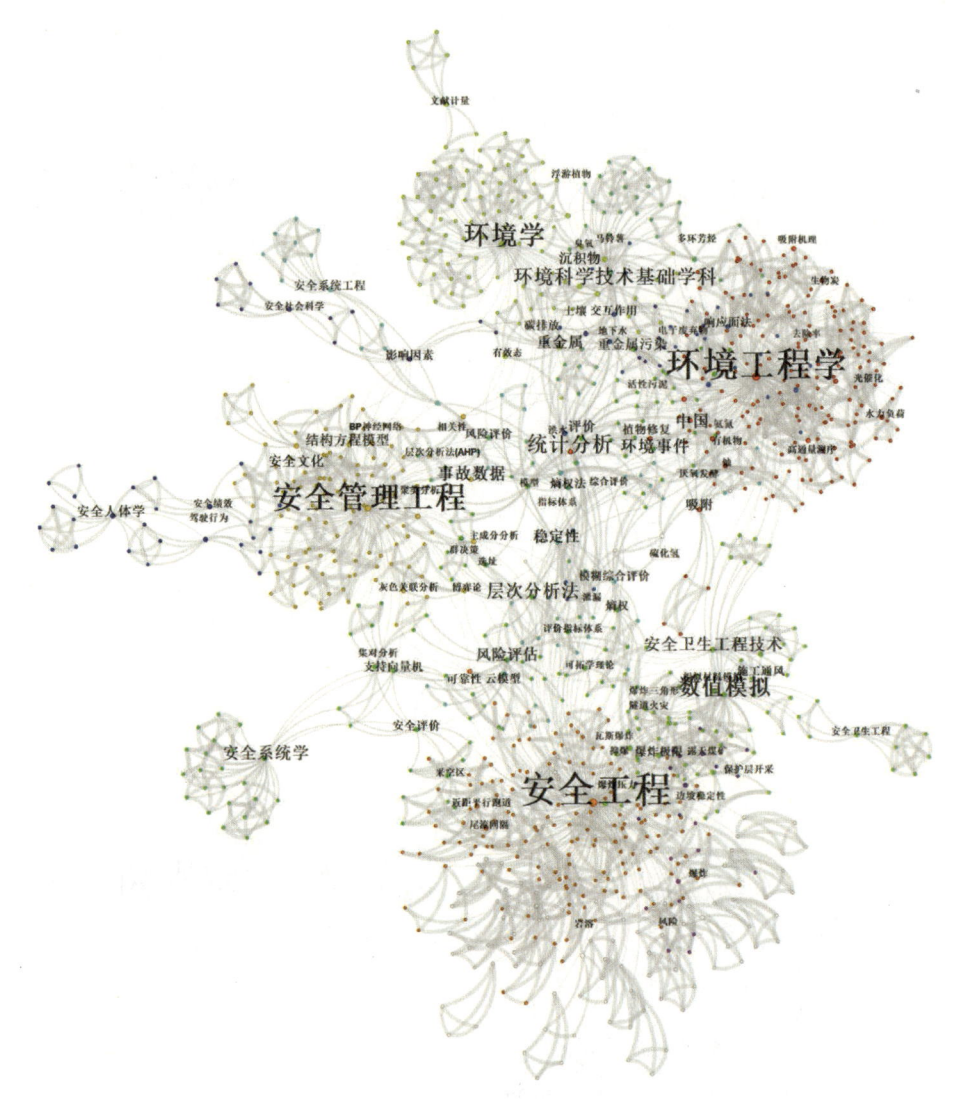

附图20　2019年《安全与环境学报》关键词的共现网络❶

---

❶ 李杰，陈超美，2022. CiteSpace：科技文本挖掘及可视化［M］. 3版. 北京：首都经济贸易大学出版社.

193

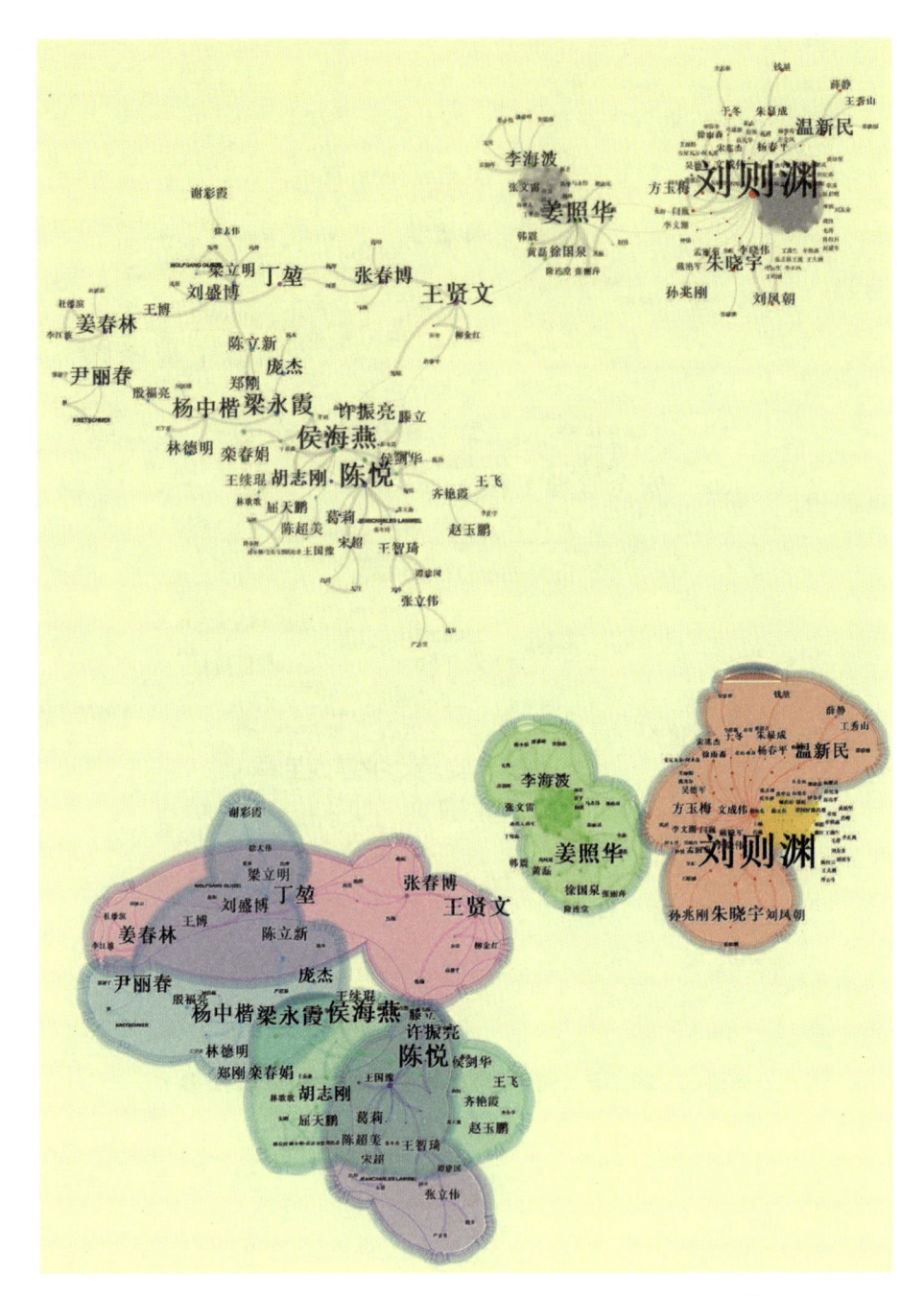

| CiteSpace：科技文本挖掘及可视化

附图21　刘则渊教授（1989—2020）中文论文的合著网络[1]

---

[1] 李杰，陈超美，2022. CiteSpace：科技文本挖掘及可视化［M］. 3 版. 北京：首都经济贸易大学出版社.

附录
Appendix

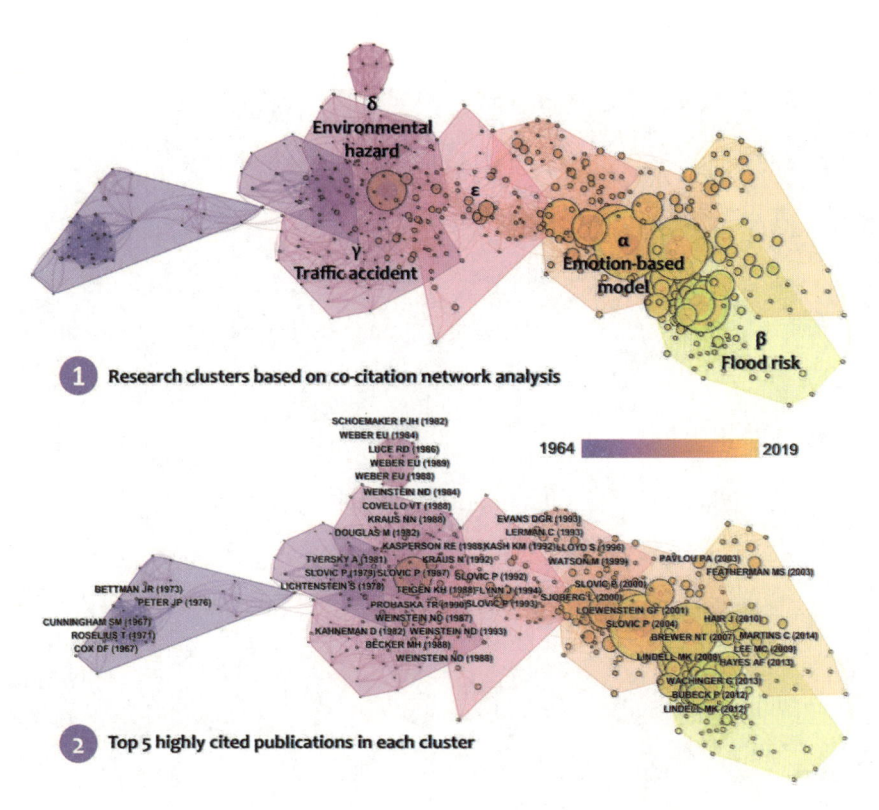

附图22　风险感知领域的文献共被引网络聚类[1]

---

[1] GOERLANDT F, LI J, RENIERS G, 2021. The landscape of risk perception research: a scientometric analysis [M]. Sustainability, 13 (23): 13188.

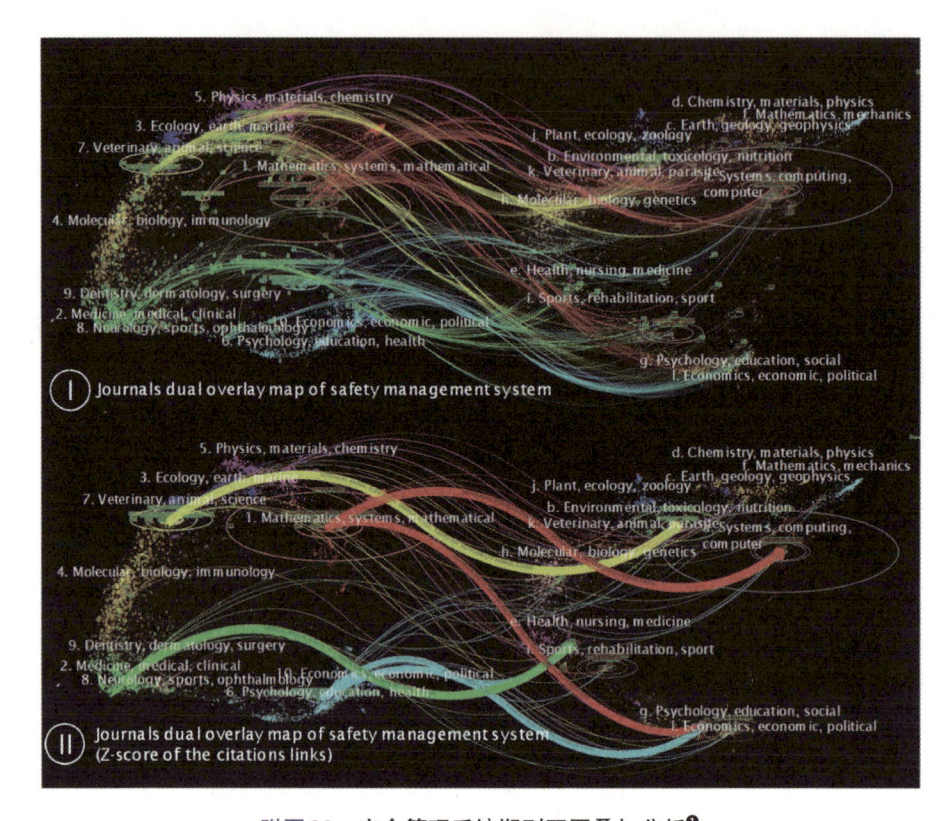

附图23　安全管理系统期刊双图叠加分析[1]

---

[1] GOERLANDT F，LI J，RENIERS G，2022. The landscape of safety management systems research: a scientometric analysis［J］. Journal of safety science and resilience，3（3）：189-208.

附录
Appendix

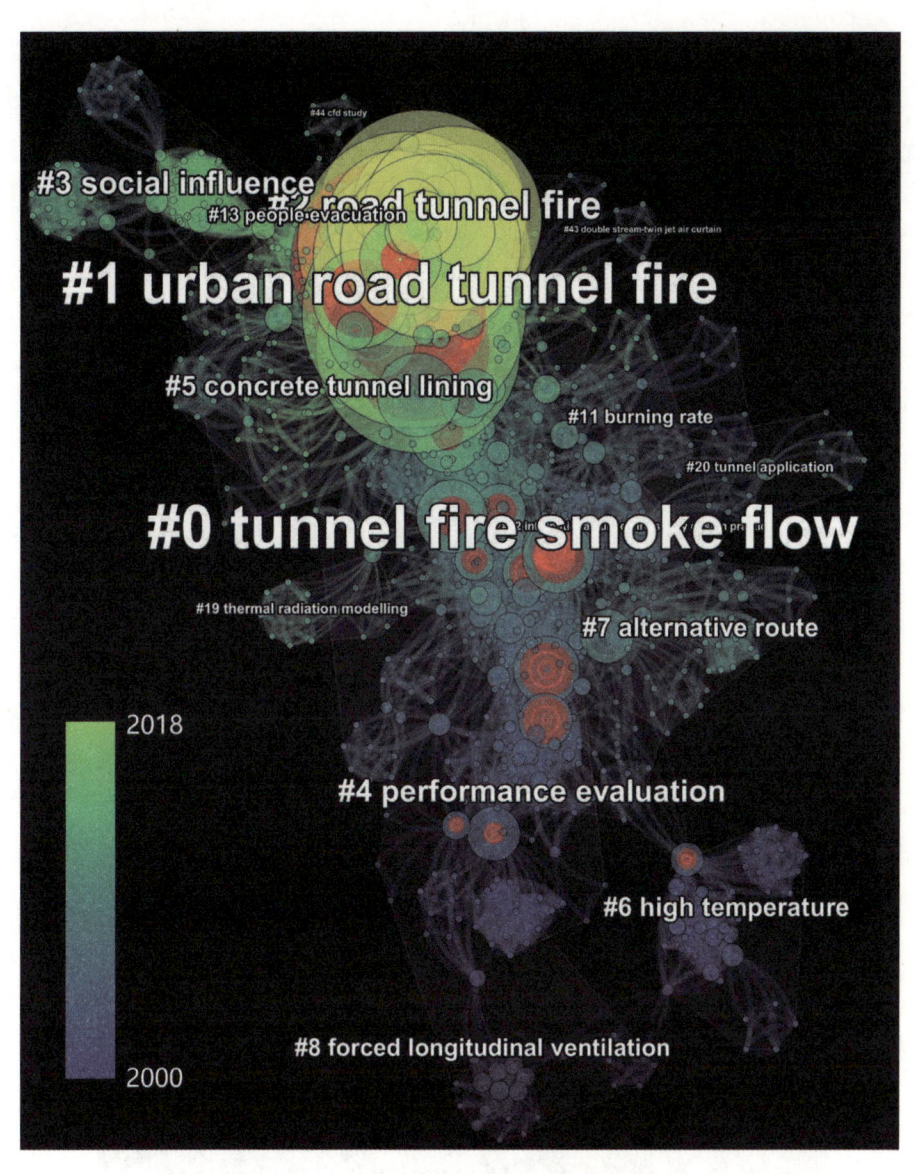

附图24　隧道火灾文献的共被引聚类[1]

---

[1] LI J，LIU J，2020. Science mapping of tunnel fires：a scientometric analysis-based study［J］. Fire technology，56：2111-2135.

197

CiteSpace：科技文本挖掘及可视化

附图25　FSJ火灾安全科学研究的知识演化[1]

---

[1] 李杰，刘家豪，汪金辉，等，2019. 基于FSJ的火灾安全学术地图研究［J］.消防科学与技术，38（12）：1760–1765.